Le BIM éclairé par la recherche

BIM et maquette numérique chez le même éditeur

Olivier Celnik & Eric Lebègue (dir.), *BIM et maquette numérique pour l'architecture, le bâtiment et la construction*, préface de Bertrand Delcambre, 2ᵉ éd. 2016, 768 p., coédition Eyrolles/CSTB/MediaConstruct

Karen Kensek, *Manuel BIM. Théorie et applications*, préface de Bertrand Delcambre, 2015, 256 pages

Éric Lebègue & José Antonio Cuba Segura, *Conduire un projet de construction à l'aide du BIM*, 2015, 80 pages, coédition Eyrolles/CSTB

Anne-Marie Bellenger & Amélie Blandin, *Le BIM sous l'angle du droit : pratiques contractuelles et responsabilités*, 2016, 128 p., coédition Eyrolles/CSTB

Serge K. Levan, *Management et collaboration BIM*, 2016, 208 p.

Annalisa De Maestri, *Premiers pas en BIM : l'essentiel en 100 pages*, 2017, 104 p., coédition Eyrolles/Afnor

Jonathan Renou & Stevens Chemise, *Revit pour le BIM : Initiation générale et perfectionnement structure*, 3ᵉ édition, 2017, 520 pages

Julie Guézo & Pierre Navarra, *Revit Architecture : développement de projet et bonnes pratiques*, 2016, 448 p.

Vincent Bleyenheuft, *Les familles de Revit pour le BIM*, 2017, 360 p.

Olivier Lehmann, Sandro Varano & Jean-Paul Wetzel, *SketchUp pour les architectes*, 2014, 246 pages

Matthieu Dupont de Dinechin, *Blender pour l'architecture : conception, rendu, animation et impression 3D de scènes architecturales*, deuxième édition, 2016, 336 pages

Éric Dupin, *Le LEAN appliqué à la construction : comment optimiser la gestion de projet et réduire coûts et délais dans le bâtiment*, 2014, 160 pages

José Antonio Cuba Segura, *BIM et maîtrise d'ouvrage*, 2017, 80 pages, coédition Eyrolles/CSTB

Brad Hardin & Dave McCool, *Le BIM appliqué au management du projet de construction. Méthode, flux de travaux et outils*, 217, 380 pages, coédition Eyrolles/Afnor éditions

Sous la direction de
Sylvain RISS, Aurélie TALON & Régine TEULIER

Le BIM éclairé par la recherche

Modélisation, collaboration & ingénierie

ÉDITIONS EYROLLES
61, bd Saint-Germain
75240 Paris Cedex 05
www.editions-eyrolles.com

Dépôt légal : juillet 2017
Imprimé en Allemagne par BoD

Sommaire

Table des matières

PARTIE 1

Modélisation

PARTIE 2

Sciences sociales et pédagogie

CHAPITRE 4. La coopération : processus fondamentaux et implications, pour le travail collaboratif dans une démarche BIM

PARTIE 3

Data Dictionary

Préface

Quand était-ce, la dernière fois que vous avez fait quelque chose de nouveau pour la première fois ?

Ne pas anticiper, c'est déjà gémir.
Léonard de Vinci

S'il y a un frein à l'adoption du BIM c'est assurément notre *culture métier* séculaire. L'ingénierie de la construction n'est-elle pas une des premières « ingénieries » de l'histoire qui dut faire face à ses premières fois ? On sait que l'homme a construit des huttes bien avant de construire des objets mécaniques ! Il nous semble qu'en ce moment le cours de l'histoire de la construction se courbe et se tord pour bientôt se rompre et faire émerger une nouvelle culture métier. Nous concevons aujourd'hui nos projets comme nous l'avons toujours fait à la différence que nous souhaitons y intégrer une variable majeure : ces technologies de rupture qui évoluent plus rapidement que notre sens commun. Changer de paradigme technologique nous impose de changer de paradigme culturel et humain pour promouvoir une conception renouvelée de cette culture métier de la construction. Le BIM ne se fera pas sans de réelles compétences humaines, sociales, collaboratives, managériales et technologiques.

Ce saut-là – véritable passage du Rubicon – n'est pas facile mais il est indispensable pour travailler sur un seul et même modèle BIM. La question consiste à savoir comment s'y prendre ; comment réaliser le *BIM BANG* !

L'exemple de la reproduction de la grotte Chauvet nous ouvre une piste. Ce projet exigeait que l'on reproduise à échelle réduite (de 8 500 m^2 à 3 000 m^2) une complexité inhabituelle. Cette grotte – la plus ancienne que l'on ait découverte à ce jour (-3 500 ans avant notre ère) – est un objet naturel qui n'obéit à aucune règle. Pour réaliser ce projet il a fallu affronter sa complexité ; c'est elle qui a contraint tous les acteurs à travailler ensemble autour d'un seul et unique modèle numérique pour enfin concevoir puis réaliser une réplique qui, elle-même, est une œuvre d'art. Travailler en BIM, c'est affronter la complexité sans la perdre. Aussi démunis que nous nous sentions, il nous faut innover, ce qui ne va pas sans introduire de l'entropie dans le processus traditionnel.

Pour y parvenir, il nous faudra intégrer l'innovation qui irriguera ce *mainstream* et aller courageusement au-devant de l'inconnu, au risque de l'humain qui se met en projet. Il n'existe pas de recettes pour faire du BIM ; il s'agit avant toute chose de méthodes et de processus qui prennent appui sur des technologies.

Une question se pose alors : comment faire pour être *BIM manager* ? Comment se doter d'une identité professionnelle qui n'existe pas encore ? Comment se projeter dans une fonction métier qui est elle-même en construction, qui n'existe pas dans l'entreprise et dont nous n'avons pas de représentations préexistantes ? Se faire une nouvelle place dans l'entreprise, parfois seul, n'est pas facile. Qu'est-ce donc qu'être *BIM manager* aujourd'hui ? Et d'ailleurs, est-ce la bonne appellation ? Le débat n'est pas clos.

Le BIM n'est pas magique mais il contient les prémices des plus grands changements dans l'art de construire. Ce chantier qui s'ouvre à nous est une cathédrale d'innovations où nous ferons de plus en plus souvent de nouvelles choses pour la première fois.

Ça me rappelle une fable, attribuée à Charles Péguy et largement romancée. Randonneur, Charles Péguy qui se rendait un jour à Chartres rencontra trois casseurs de cailloux sur le bord de la route. Demandant successivement à chacun d'eux ce qu'il faisait il s'entendit répondre par le premier « Je casse des cailloux », par le second « Je construis des fondations » et par le dernier… « Je bâtis une cathédrale » ! Peut-être a-t-on là des *niveaux de maturité projet* que nous devons prendre en compte pour le BIM. Nous cassons des cailloux, défrichons de nouvelles frontières – ce sont nos expérimentations – et pas à pas nous construisons les fondations du BIM. Dans cet ouvrage nous avons voulu délier quelques ficelles du métier. Le livre est ouvert, l'histoire du BIM continue de s'écrire avec courage, détermination, agilité et anticipation du monde à venir. La cathédrale du BIM s'édifie.

Dr Sylvain RISS
Direction du mastère spécialisé *Management de projet
de construction – BIM & maquette numérique.*
Organisateur EDUBIM 2017

Avant propos

Dans les finalités de l'industrie du futur, la transformation numérique de la chaîne de valeur est considérée comme la clé de voûte des changements managériaux et opérationnels de l'entreprise. Cette transformation par le numérique est souvent considérée comme une spécificité historique des industries manufacturières avec la conception assistée par ordinateur, puis la gestion du cycle de vie des produits. Ces méthodes et outils ont largement été mis en œuvre dans l'automobile et l'aéronautique conduisant à l'émergence, puis à la généralisation de nouvelles activités au sein de l'entreprise, mais aussi de standards numériques et de bonnes pratiques métier. À l'heure où les technologies digitales sont désormais d'une maturité opérationnelle et disponibles largement, les entreprises du bâtiment, de la construction et du génie civil sont face à une réalité qu'elles se doivent d'acquérir au plus vite. À l'instar du secteur manufacturier, mais dans un cycle temporel beaucoup plus court, l'industrie du bâtiment et de la construction doit, entre autres, définir ses nouveaux métiers, clarifier ses besoins en compétences, évaluer les méthodes et outils, créer ses propres standards en cohérence avec les spécificités de la profession.

Les acteurs majeurs du secteur se sont lancés depuis quelques années dans la mise en œuvre des plateformes BIM et le développement des expertises associées. Cependant, c'est bien l'ensemble de la filière qui doit s'approprier et maîtriser ces technologies et standards numériques ainsi que définir et structurer les compétences et les bonnes pratiques. Pour cela, il convient d'aller bien au-delà de la mise en œuvre de maquettes numériques, même avancées, du bâtiment ou des opérations de construction. Il est nécessaire de créer de nouveaux métiers dans la filière, à l'image de ce que le développement des fonctions d'administrateur CAO en complément, soutien ou évolution des missions des dessinateurs-projeteurs a pu accompagner et faciliter, au cours des années 1990, l'émergence des compétences en conception intégrée dans l'automobile. Ceci n'est qu'un exemple, mais bien d'autres métiers sont apparus ou se sont transformés au fil des quelque vingt-cinq ans de développement de la chaîne numérique d'ingénierie véhicule dans ce secteur.

Pour accompagner la mise en œuvre technologique et l'évolution des métiers, la formation des nouvelles générations, mais aussi des professionnels en poste, joue un rôle incontournable. Une conférence comme EDUBIM possède une mission d'« évangélisation » et de diffusion des savoirs vers une large audience, aussi bien des collègues académiques que des industriels de la filière. Les défis sont nombreux et le premier est indiscutable : la capacité à s'approprier simplement mais efficacement l'enjeu qui se profile derrière les méthodes et outils du BIM. Mais il faut aussi regarder bien au-delà avec la transformation des métiers par le numérique, considérant que les experts et les professionnels ne s'inscriront dans la démarche que si l'organisation et les processus ont été repensés en cohérence avec les outils actuels. Enfin, pensons aussi ceux à venir avec entre autres la généralisation des objets connectés qui viendront fournir de l'information à capitaliser et à exploiter, afin de permettre un suivi sur la réception par l'utilisateur du bâtiment, sur l'usage qui est fait de la construction, sur les besoins en maintenance des équipements, sur la traçabilité des prestations et des services associés...

Je souhaite à l'issue de ces quelques lignes d'avant-propos soutenir de tous mes vœux le développement et la structuration d'une communauté académique qui s'empare largement des problématiques scientifiques et technologiques du BIM et de celles qui sont encore à venir avec la transformation numérique dans la chaîne de valeur des industries du bâtiment et de la construction.

Benoît EYNARD
Enseignant-chercheur
Université de Technologie de Compiègne
Directeur général d'AIP-PRIMECA
GST Usine du Futur : mécanique et productique
Association française de mécanique

Préambule

Voici la première version du Workshop Recherche EDUBIM. Dans le cadre des troisièmes rencontres EDUBIM, nous avons choisi de lui donner la forme classique du workshop académique, garante d'un processus de création collective des connaissances. La forme est importante, elle repose sur la sélection, consubstantielle de l'organisation des rencontres scientifiques, de même que le *peer review process*. Il s'agit de valider les connaissances par un processus collectif. En acceptant un article, le processus ne donne pas son accord sur son contenu, il dit simplement que la façon dont les résultats sont présentés, la façon de se référer ou de contester la ou les théories en cours est faite suivant les règles de l'art et que donc, il peut être considéré comme une proposition étayée et être discuté par la communauté. Le fait que l'article n'apporte rien de nouveau est par contre un motif de rejet : l'idée étant de ne pas passer de temps à évaluer et à écouter des propositions qui n'apportent rien de nouveau. La sélection par les pairs repose sur une lecture attentive de plusieurs relecteurs. L'ensemble de ceux-ci constituent le comité de programme qui anime la communauté scientifique des contributeurs, des participants au workshop et de tous ceux qui utiliseront ces travaux.

Attardons-nous sur le *peer review process*. En général, un débat est « ouvert » dans une communauté scientifique par quelques articles, puis il connaît un grand nombre de contributions, parce que tout le monde a son mot à dire sur le débat brûlant, puis il s'étiole peu à peu, parce que beaucoup a été dit, la question a été largement explorée et qu'en parler encore ne constitue pas des « contributions » mais des redites. Un article est une contribution au débat ; c'est une question vive qui fait débat dans la communauté à laquelle on prétend apporter une contribution : une petite pierre à l'édification du savoir. Dans les années suivantes si cette proposition est reprise et citée par d'autres auteurs, elle deviendra constitution du savoir collectif. En revanche, si elle est jugée insignifiante ou fausse, elle sera peu ou pas reprise par les autres auteurs travaillant sur ce sujet. C'est pourquoi le fait d'être cité est aussi important pour un article.

Un article décrit un problème exploré, des résultats obtenus en les situant par rapport à un contexte d'obtention, en décrivant la méthode pour les obtenir, il donne les moyens aux autres de contester ce résultat, de les compléter, de les valider. L'article peut être le résultat d'une expérimentation, d'une observation détaillée d'un cas, un état de l'art très complet, un article d'orientation, une contribution théorique construite de façon expérimentale, une discussion sur plusieurs positions théoriques. Il peut constituer un apport conceptuel, un apport pluridisciplinaire.

L'objectif est de créer de la connaissance qui puisse être reprise par d'autres. Si un article décrit une ontologie sur les chaussées, il s'agira de citer les problèmes qu'on a rencontrés pour construire cette ontologie, les choix qui se sont présentés (de rattachement de tel terme à telle ou telle classe, par exemple), ceux qu'on a opérés et pourquoi. De façon à contribuer à construire le savoir sur la construction des ontologies du BTP qui sera utile à d'autres construisant une ontologie sur les ouvrages d'art ou sur les tunnels. Et aussi de contribuer au débat plus général : comment construire une ontologie.

Un article est donc la rencontre entre la théorie en cours d'élaboration collectivement et une proposition originale qui prétend y contribuer. C'est pourquoi il est construit autour d'une bibliographie. Celle-ci indique où les auteurs placent leur contribution, de qui ils se réclament, ce qu'ils prétendent construire. Pour continuer notre métaphore : à quel endroit du mur veulent-ils placer la petite pierre qu'ils prétendent apporter à l'édifice collectif. La bibliographie indique de façon économe et synthétique, où se situe cette proposition, parmi les différentes écoles ou courants de pensée abordant ce débat. C'est une façon vivante d'échanger les bonnes références, puisqu'on les cite en les réutilisant pour construire une nouvelle contribution.

La recherche sur le BIM est par nature pluridisciplinaire. Le BIM, ses logiciels, l'organisation des données, les pratiques autour des plateformes, les changements organisationnels, les remises en cause des métiers, tout cela nécessite des travaux de recherche, à la fois en relation avec les disciplines au cœur du métier comme l'architecture et le génie civil, mais aussi des disciplines fortement contributives comme l'informatique avec la recherche sur les modèles, sur la structuration des données et encore des disciplines qui pourraient sembler moins essentielles. Les sciences humaines et sociales ont une contribution importante et spécifique à apporter. Modéliser les *process* métiers, décrire l'univers des données de la construction et les organisations des activités humaines, l'activité des équipes projets, la coopération généralisée, contribuer à concevoir ainsi les nouvelles assistances au travail coopératif autour de plate-formes logicielles, tout cela nécessite des apports de multiples courants de recherche. Il s'agit d'articuler les artefacts dans le monde de l'utilisateur et d'introduire le point de vue de l'utilisateur final, tel que le propose le *design thinking*. Le sujet du BIM implique de mener des recherches qui ont été commencées dans des disciplines voisines comme le génie mécanique. Mais réciproquement les chercheurs travaillant sur le BIM contribuent aussi, du fait de leurs recherches sur le BIM à faire avancer leur propre communauté sur des sujets plus généraux.

L'ingénierie est un vrai sujet de recherche. Les sciences de l'ingénierie ont ceci de particulier qu'elles se fondent sur les méthodes et l'art de la conception ; elles s'intéressent à l'intelligence des procédés. Mettre en place une démarche d'ingénierie reproductible et proposant des concepts, de méthodes et des outils est bien une production scientifique, pour peu que soient respectées les méthodes scientifiques. L'objectif global du champ disciplinaire est bien de fournir progressivement aux entreprises des concepts et des références, des éléments de méthodes et d'outils permettant de réaliser et d'utiliser les applications du BIM dans les activités humaines et dans le tissu organisationnel. La recherche académique, dans les disciplines relevant de l'ingénierie, nécessite de s'appuyer sur des problèmes concrets rencontrés par les praticiens, ce qui fait une raison supplémentaire de coopération avec la recherche industrielle.

Cette approche pluridisciplinaire, assumant à la fois une posture de recherche sur l'ingénierie et sur des axes théoriques et conceptuels est sans doute une des originalités de la communauté de langue française dans le réseau européen de recherche académique sur le BIM dont elle est, d'ores et déjà partie prenante.

La recherche industrielle connaît un développement important et mérité. De plus en plus d'entreprises s'intéressent à ce mode de branchement sur la recherche et consacrent des crédits à l'accueil de jeunes chercheurs pour des travaux doctoraux, dans des équipes et des services d'ingénieurs expérimentés qui se consacrent à la recherche. La recherche est vue comme une des ressources pour l'innovation ; même le lien entre recherche et innovation est complexe et difficile à gérer. La recherche, pour une entreprise, est un des moyens d'être en prise directe avec l'évolution du domaine de connaissances.

Les problèmes posés par la réalité à laquelle se confronte l'entreprise ne peuvent pas être réduits aux problèmes abordés par les disciplines académiques, mais réciproquement on ne peut accumuler suffisamment de connaissances solides et validées en restant dans la formulation de problèmes concrets et trop contextualisés. La complexité des problèmes réels posés par l'entreprise interpelle donc les théories et les disciplines. La recherche industrielle ne peut pas vivre si elle reste confinée dans une vision à court terme et dans les modes de production de connaissances de l'entreprise, seule. Elle a donc besoin d'interactions fortes avec la recherche académique. Le lien vivant entre recherche académique et recherche industrielle n'est pas si facile à instituer et à faire vivre. La recherche académique est le vivier de jeunes chercheurs qui pourront travailler dans l'entreprise, mais ce lien ne suffit pas si les ingénieurs expérimentés de l'entreprise ne contribuent pas aux rencontres académiques et ne tissent pas des collaborations approfondies et pérennes avec les académiques du domaine. Les jeunes chercheurs ne pourront pas à eux seuls faire ce lien et poursuivre deux types de posture de recherche. Les projets de recherche impliquant des industriels de toute la filière et des académiques facilitent cette collaboration et peuvent s'avérer très productifs comme le montrent sur le BIM les projets Communic puis MINnD, dont les travaux sont à l'origine de plusieurs contributions de ce volume.

On ne conçoit pas l'enseignement supérieur sans la recherche, les étudiants ont besoin d'être formés en relation avec la recherche. Des rencontres enseignantes sans un volet recherche pourraient s'essouffler très vite, les échanges d'expériences et de bonnes pratiques produisant un type de connaissance, limité dans sa validité et dans sa capitalisation. Celle-ci nécessite un effort spécifique. Des contributions sur l'enseignement du BIM, comme celles présentes dans ce volume sont à encourager. D'autres formes spécifiques sont à rechercher comme celle de l'enseignement par les cas. Bien connu dans les écoles de commerce et sur lequel les sciences de gestion des entreprises ont été précurseurs, il connaît des développements académiques à considérer. Par exemple, ceux promus par la North American Case Research Association qui œuvre pour mettre cette démarche au rang de méthode validée du point de vue académique en animant une revue scientifique sur ce thème.

Concluons en affirmant que ce workshop EDUBIM se veut un point de rencontre et d'échanges de la recherche académique sur le BIM, des enseignants du BIM et de la recherche industrielle de la filière construction. Pour toutes les raisons développées précédemment, les synergies à mettre en place sont essentielles. Avec un mode de production académique et des contributeurs issus du monde académique, des entreprises, des écoles d'ingénieurs ou des écoles d'architecture, le workshop EDUBIM montre dès cette première version que l'objectif d'être un lieu de rencontre entre les mondes académique et industriel est d'ores et déjà atteint. Il ne demande qu'à être confirmé dans les années qui viennent, car nous le savons, la recherche est affaire de long terme.

La communauté scientifique autour du BIM dont nous observons l'émergence en Europe et en France, se concrétise à travers ce workshop EDUBIM. Elle a vocation à aider à refonder les champs disciplinaires qui sont au cœur de la construction comme l'architecture, le génie civil et le génie urbain, ainsi qu'à rassembler les travaux pluridisciplinaires autour du BIM et leur donner un lieu de débat et d'élaboration collective.

Régine TEULIER
Chercheur associé
I3-CRG – UMR 9217
École polytechnique

Comité scientifique

Présidence : Aurélie TALON (Université Clermont Auvergne, Institut Pascal – UMR 6602)

Geoffroy ARTHAUD (ministère de l'Environnement de l'Énergie et de la Mer, CP2I)

Miguel AZENHA (University of Minho, ISISE)

Patricia BORDIN (CNRS UMR 7218 LAVUE)

Danièle BOURCIER (CNRS CERSA)

Nader BOUTROS (ENSA Paris-Val de Seine, EVCAU)

Mathieu BRICOGNE (Université de Technologie de Compiègne)

Angelo CIRIBINI (Universita Degli Studi Di Brescia)

Dominique DENEUX (Université de Valenciennes, LAMIH)

Youssef DIAB (EIVP)

Omar DOUKARI (ESTP)

Benoît EYNARD (Université de Technologie de Compiègne)

Bernard FERRIES (ENSA de Toulouse)

Amin HAMMAD (Université Concordia)

Peter IREMAN (ESITC Caen)

Samir LAMOURI (ENSAM, LAMIH UMR CNRS 8201)

Vincent LEFORT (ISABTP, LIRMM)

Norena MARTIN DORTA (Universidad de La Laguna)

Maria MARTINEZ (ENSA Clermont-Ferrand)

Sylvain RISS (CESI)

Lionel ROUCOULES (ENSAM, LSIS)

Pierre Antoine SAHUC (ENSA Normandie)

Rita SASSINE (CESI)

Régine TEULIER (I3 – CRG – École polytechnique – UMR 9217)

Jason UNDERWOOD (University of Salford, School of the Built Environment)

Introduction

Les articles présentés dans cet ouvrage et contribuant au Workshop EDUBIM 2017 sont issus d'une sélection par les pairs, organisée par le comité de programme du Workshop selon les règles académiques en vigueur. Ils couvrent un spectre large de thèmes autour du BIM et sont assez représentatifs des recherches académiques menées en France sur le BIM.

Les dix articles présentés dans cet ouvrage sont regroupés autour de quatre thématiques de recherche autour du Building Information Model/Modeling/Management (BIM) : (1) « modélisation », (2) « sciences sociales et pédagogie », (3) « data dictionary » et (4) « Industry Foundation Classes (IFC) et ingénierie système ».

La thématique « modélisation » concerne trois papiers :

- Charles-Édouard Tolmer, Precision on the functions of the level of detail by the paradigm of system engineering for infrastructure projects ;
- Geoffrey Arthaud, Applying DevOps practices in a MDE context – Towards a better BIM adoption ;
- Aurélie Talon, Clémence Cauvin et Alaa Chateauneuf, État de l'art afin de développer le HBIM du projet HeritageCare.

Charles-Édouard Tolmer s'intéresse au « level of detail », LOX et LOD, dont il décrit l'évolution depuis plusieurs années. L'auteur propose d'utiliser le paradigme d'ingénierie système dans le paradigme BIM pour identifier l'utilisation jusqu'ici, implicite du niveau de détail et à le rendre structuré et explicite. Cette étape est, selon lui, nécessaire pour promouvoir les échanges et une structuration commune de l'information dans les projets de construction.

Geoffrey Arthaud explicite comment l'approche DevOps pourrait être appliquée au secteur AEC (architecture, ingénierie et construction), en particulier si une ingénierie pilotée par modèle MDE (model-driven engineering) est utilisée. Cette étude définit d'abord BIM comme un cas spécifique de MDE, puis suggère une redéfinition des rôles développeur/ opérateur de DevOps vers le domaine AEC : le producteur BIM et l'évaluateur BIM. Cet article présente ensuite une chaîne conceptuelle DevOps pour BIM. Cette chaîne d'outils souligne les principaux défis techniques pour les outils open source pour soutenir l'approche DevOps.

Aurélie Talon, Clémence Cauvin et Alaa Chateauneuf proposent une revue de l'état de l'art des travaux de recherche autour du HBIM (Historic Building Information Modeling). Ils y joignent l'analyse des risques et celle des approches de maintenance utilisant le BIM, qui permettant ainsi de contribuer au développement de la méthodologie de diagnostic des monuments historiques du projet HeritageCare. Les différents niveaux de gestion de ces monuments intégrés dans cette méthodologie sont détaillés et plus précisément le niveau III incluant un HBIM.

La thématique « sciences sociales et pédagogie » regroupe trois papiers :
- Régine Teulier, La coopération : processus fondamentaux et implications, pour le travail collaboratif dans une démarche BIM ;
- Nader Boutros et Peter Ireman, Apporter la culture de collaboration BIM au sein de l'enseignement dans les écoles d'architecture et d'ingénieurs ;
- Morgan Lefauconnier, Le BIM face au droit.

Régine Teulier revient sur les processus fondamentaux de la coopération et sur des concepts issus à la fois de travaux scientifiques et d'expériences industrielles dans d'autres secteurs. La proposition consiste à mettre en avant plusieurs concepts éclairant des processus auxquels les concepteurs et les utilisateurs du BIM seront confrontés dans la mise en œuvre et le déploiement du BIM. L'auteur propose notamment quatre objectifs de recherche qui pourraient contribuer à une recherche sur la coopération dans le BIM.

Nader Boutros et Peter Ireman proposent d'analyser le processus d'apprentissage du BIM via la collaboration entre étudiants, la pédagogie par projets, l'enseignement et le travail à distance. Cet article s'appuie sur une expérimentation menée à l'École nationale supérieure d'architecture (ENSA) Paris-Val de Seine et à l'ESITC Caen et illustre une démarche des enseignants sur l'apprentissage de la coopération entre deux points de vue « métier » : l'architecte et l'ingénieur.

Morgan Lefauconnier s'interroge sur la manière dont le système juridique accompagne les nouveaux usages numériques ; en particulier est-ce que le BIM est une révolution pour le droit, est-ce qu'il implique une remise en cause de ses fondements ou est ce qu'il invite plutôt à sa relecture ? Selon l'auteur, ces questions doivent être traitées à l'aune des nouvelles méthodes de conception et de réalisation ; ce qui est notamment le cas en matière de propriété intellectuelle.

La thématique « data dictionary » présente deux papiers :
- Bertrand Cauvin et Pierre Benning, Contribution to a Data Dictionary for Infrastructures: the Bridge Field ;
- Emily Deydier, Hugo Laugier, Léo Adhemar, Layella Ziyani et Omar Doukari, Conception d'une maquette numérique « intelligente » pour les routes.

Bertrand Cauvin et Pierre Benning s'intéressent à un dictionnaire de données Bridge. Les objectifs de ce dictionnaire sont, en autres choses, d'assurer la durabilité de l'information au fil du temps, de faciliter l'échange d'informations entre les acteurs du même projet et d'assurer l'interopérabilité entre les progiciels. En retraçant l'évolution des standards et leurs interactions, ils donnent une vue pertinente et globale sur ce standard. Ensuite en les testant sur un exemple, ils soulignent les manques et formulent des propositions pour le travail futur qui s'insèrent dans les travaux de buildingSmart.

Emily Deydier, Hugo Laugier, Léo Adhemar, Layella Ziyani et Omar Doukari proposent un article sur l'utilisation du BIM dans la conception d'une route et plus précisément ici, d'une chaussée. Leur objectif est de créer une maquette numérique BIM permettant l'échange de données entre chaque intervenant d'un projet de construction routière et traitant ces données afin de renvoyer le dimensionnement optimal d'une chaussée.

La thématique « IFC et ingénierie système » inclut deux papiers :
- Pierre Benning, Contribution to IFC Bridge development: missing concepts and new entities ;
- Nicolas Ziv, Éléonore Herbreteau et Omar Doukari, Évaluation d'un outil d'ingénierie système : application au métro du Grand Paris Express.

Pierre Benning présente une nouvelle méthodologie pour enrichir le modèle IFC d'une infrastructure, en particulier pour la portée des ponts. La première étape consiste à identifier tous les concepts et classes absents dans la définition actuelle de la SFI (géométrie procédurale, systèmes de coordonnées…), la seconde étape propose des nouvelles entités « orientées par des ponts » afin d'enrichir le modèle IFC actuel, en s'insérant complètement dans les débats des commissions internationales d'évolution de ce standard

Nicolas Ziv, Éléonore Herbreteau et Omar Doukari analysent les différences et les complémentarités de deux méthodes sur la base d'une revue de la littérature : BIM et ingénierie système. Ils proposent un test d'un outil d'ingénierie de systèmes basé sur SysML (System Modeling Language) en l'appliquant à un projet de construction : le métro du Grand Paris Express. Ils évaluent ainsi, à travers un outil et un exemple de projet BIM, les apports de l'ingénierie système au BIM.

Aurélie TALON
Maître de conférences
Université Clermont Auvergne
Institut Pascal – UMR 6602

Modélisation

Precision on the functions of the level of detail by the paradigm of system engineering for infrastructure projects

Charles-Édouard TOLMER

Egis International, Project management department

e-mail: charles-edouard.tolmer@egis.fr

Abstract

Level of detail of the information has been considered for a long time, not only with the advent of BIM. This topic is today considered as simple to solve and documents propose a definition and a use. However, the complexity and implicit considerations in the concept of level of detail are not currently considered. We propose to use system engineering paradigm in BIM paradigm to help identify the implicit use of level of detail and make it structured and explicit. It is the necessary step to promote exchanges and a common structuring of information in construction projects.

Key words

Level of detail, information management, system engineering, requirement engineering.

Résumé

Le niveau de détail de l'information a été considéré pendant longtemps et pas seulement avec l'avènement de BIM. Ce sujet est aujourd'hui considéré comme simple à résoudre et les documents proposent une définition et une utilisation. Cependant, la complexité et les considérations implicites dans le concept de niveau de détail ne sont pas actuellement prises en compte. Nous proposons d'utiliser le paradigme d'ingénierie système dans le paradigme BIM pour aider à identifier l'utilisation implicite du niveau de détail et à le rendre structuré et explicite. C'est l'étape nécessaire pour promouvoir les échanges et une structuration commune de l'information dans les projets de construction.

Mots-clés

Niveau de détail, management de l'information, ingénierie système, exigence d'ingénierie.

1.   Introduction

1.1.   Conceptual data model to enhance structuring of information and its exchanges

"Modeling" is generally used to speak about the object visual representation. Of course, the visual modeling is an important issue in BIM but it is not the main objective. The modeling has to help to meet products requirements. To this end, we need to define conceptual data models: here, this work is called "modeling".

Through these conceptual data models, we wish to improve concurrent engineering processes. Thus, we identified topics that have to be considered here:

* Limit inefficiency (reentry, barriers to trade and modifications…),
* Remove wastage of time, excess information and irregularities in its exchanges and quality.

They are the pillars of lean. We propose a conceptual data model to arrange project information and processes to reach these aims.

1.2.   What about LOX?

The issue of "level of detail" for construction projects has been more or less implicit examined for several decades (Groupe Structuration de Données, 1991; Jouini and Midler, 1996; Morand, 1994); about 1970 according to (Howard and Björk, 2008; Volk, Stengel, and Schultmann, 2014). On the other hand, it was consistent with the context of these different periods. Thus, this concept of "level of detail" has been considered and described in several ways. No matter the industry, we are now moving to the paradigm of abstract design compared to artisanal and empiric design (Bot and Vitali, 2011). This paradigm is based on:

* it is always about modeling and models ("to design is modeling");

- promotion of coproduction, multidisciplinary teams and circulation of models between teams in the presence or at a distance;
- distribution of work by codified processes and not in a Taylorian way as for the empirical conception;
- use of abstract generic and prescriptive models from which concrete processes and artefacts will be generated.

These elements need the lean establishment in our processes and in our approach for information management.

Answering the question of level of information or detail is still based on generic approaches. In construction industry, a lot of similar but not compliant definitions of LOD (level of detail or development) exist as explained in (Bolpagni and Ciribini, 2016). Considering geospatial information, which is necessary for infrastructure projects, we have to add the LOD definition of CityGML (CityGML standard, 2012). This complicates even more the subject as demonstrated in (Tolmer, 2016; Tolmer and Castaing, 2016) based on (Biljecki, Ledoux, Stoter, and Zhao, 2014; Borrmann, Flurl, Ramos, Mundani, and Rank, 2014): the current definitions are not relevant. A working group at European level (CEN TC442 WG02 TG01) is working to standardize this concept. The standardization of such a concept allows a consensual definition of the exchange requirement and facilitates the agreement between partners of a project to facilitate the collaborative work and thus, disputes avoidance (Tolmer and Ribeiro, 2017).

Through these definitions, many concepts are included in the general LOD concept: detail, development, information, precision, abstraction… (Biljecki, Ledoux, et al., 2014; CityGML standard, 2012; PAS 1192-2, 2013; Tolmer, Castaing, Morand, and Diab, 2015). Thus, we retain the acronym LOX where X can be equal to D, Dt, I, A…

To solve the question of the LOD content (the information related to each LOD), several fundamental questions arise in a lean and concurrent engineering context:

1. What use of LOX in the project? To what needs do they really respond?
2. What are the dimensions that make up the concept of level of detail (precision of the implantation of objects, attribute values, representation, geometrical detail…)?
3. How could we integrate LOX into the BIM? How are they or should they be used in BIM conventions, for the definition of exchanges, the structuring of digital models, the modeling of information, related to classifications and so on?

These questions have no answers yet. The LOX is still considered as a simple topic. However, this introduction shows that few questions around this concept are solved. In addition, the needs to which LOX must respond are not clearly identified as we will explain below.

2. Method

2.1. Applying system engineering

System engineering is a methodology of analysis and modeling of complex problems that concern products to design or design processes. It fits perfectly into the paradigm of abstract design mentioned above.

To define the exchange information, we often begin by asking ourselves what level of detail of the information has to be created and exchanged. Some preliminary steps are needed to properly accomplish this definition work. It is necessary to consider the requirements to be met by the project (Krob, 2009; Tarandi, 2011; Tolmer and Castaing, 2016). Then only the question of relevant information for modeling can be asked.

To this end, we propose to use requirement engineering, and therefore necessarily system engineering which provides a conceptual framework for the application of requirements engineering (Badreau and Boulanger, 2014; Fiorèse and Meinadier, 2012; Kotonya and Sommerville, 1998).

It should be noted that to our knowledge, there is no work applying system engineering in the construction industry.

System engineering well separates the project-system that creates the product-system as shown in figure 1. Needs are defined in the contract and in regulation. A system consists of a set of elements whose synergy is organized to meet a goal in a given environment (Fiorèse and Meinadier, 2012).

System engineering also need to apply an approach in three visions defined to well distinguish the studied system (functional and organic visions) and the external systems influence it (through operational vision) (see table 1).

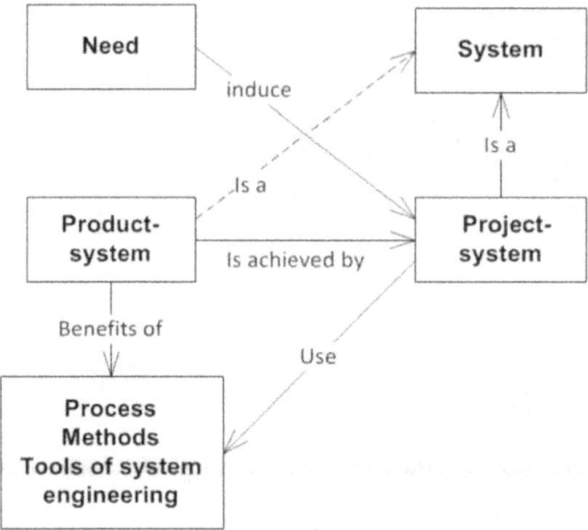

Figure 1. Proposed application of system engineering by (Fiorèse and Meinadier, 2012)

Table 1. The three visions of system engineering. Adapted from (Krob, 2009) for infrastructure project

Vision	Question	Example
Operational	Why ?	Traffic Speed, Environmental Constraint
Functional	What to do ?	Inform real-time users of traffic status
Organic	How to do ?	Class of resistance of a safety barrier

These visions help identify, describe and decline product requirements of the product system. Others requirements (processes requirements) are relate to the project system to ensure the quality of response to product requirements. Product and process requirements are both linked by BIM uses (Tolmer, 2016). A BIM use integrates product and process requirements, but also the relevant information (stakeholder abstraction(s)) and its modeling (its LOX, in fact).

2.2. Comparison of existing LOXs from the modeling point of view

We think that the question about LOX is misplaced. The LOXs are first of all the answers to help describe the information exchange requirements and organise the way to improve the quantity and the quality of information through project phases. Thus, we propose to use requirement engineering, and therefore necessarily system engineering, to identify the requirements and functionality LOXs have to help to achieve in information exchanges and structuration.

A first analysis of the "dimensions" integrated into the LOD concept was made (see table 2). It shows that on the most well-known definitions of level of detail, these dimensions are all considered but in different ways. These dimensions are essential for the modeling of information (Biljecki, Ledoux, and Stoter, 2014). Some are implicitly included (which is currently a problem). Others are explicitly included or not considered. Moreover, these dimensions are linked in their variations, which is not always relevant as we will see below.

Table 2. Separation of the dimensions included in the different definitions of level of detail. Adapted from (Tolmer, 2016)

Dimension	geometric complexity	dimensionality	appearance	semantic	presence	attributes
illustration				Generic or detailed object, link with System or Domain...	YES or NOT	Property, type, material...
LOD (CityGML)	+	-	-	-	+	+
Level Of Development (BIM Forum)	+		-	+	-	+
Level of model Detail (NBS)	+	-	-		-	
Level of model Information (NBS)				+		+

Caption:
+ : the concept is explicitely defined by the Level
- : the concept is implicitely defined by the Level
  : the concept is not considered by the Level

We can note that the topology, the blur and the imprecision are not included in these dimensions (they are partially included in the LOD of CityGML: for each LOD, a precision in the spatial implantation of the objects is defined but this is not sufficient for infrastructure design processes).

2.3. Used case based and used formalism: PERCEPTORY

In our last part, to bring elements to this problem of the LOX, we studied with the system engineering and the requirement engineering, the system of longitudinal drainage of a road project.

In this use case, we used a specific modeling language for geospatial information: it is called PERCEPTORY. It allows to explicitly describing the dimensionality of an object including the dimension of the considered universe (2D or 3D modeling) (see table 3). Table 3 proposes examples. A road can also be modeled with a surface, similar to a soccer field. PERCEPTORY allows choosing between several modeling, depending on tools or interoperability, for instance.

Table 3. PERCEPTORY elements for 2D and 3D universes (Larrivée et al., 2006)

Objets de la réalité	regard	arbre	route	mur	terrain soccer	bâtiment
Univers 2D						
Univers 3D						

3.   Results

We have chosen to use system engineering to identify where LOXs are used in structuring information and design processes. We have already shown the strong link between information management and design processes through BIM uses in (Tolmer and Castaing, 2016). In this way and also considering requirements engineering, we have identified the functionalities to which the LOX should achieve.

To this end, we describe below the interplay between the paradigm of system engineering and the paradigm of the BIM, which both have to be considered in the paradigm of abstract design mentioned above.

3.1.   Modeling process by abstraction

To identify how are used LOX (LOA, LOD and LOI), we propose to use a strong methodology to answer the question on information modeling based on (Bouzeghoub, 2006), in addition to system and requirement engineering.

In the first step, semantic and domain ontology are selected according to the identified requirements concerned by a specific BIM use. For each BIM uses (and for each requirement or small group of requirements), the level of abstraction (LOA) comes from emantics for domains to identify relevant information to include in IDM definition, according to (ISO 29481-1:2016, 2016; ISO 29481-2, 2012) and to the definition of LOD – LOI. The next stage consists in identifying the most appropriate format or way to exchange the information described in previous step: it is the support for information exchanges and help to describe MVD (see figure 2).

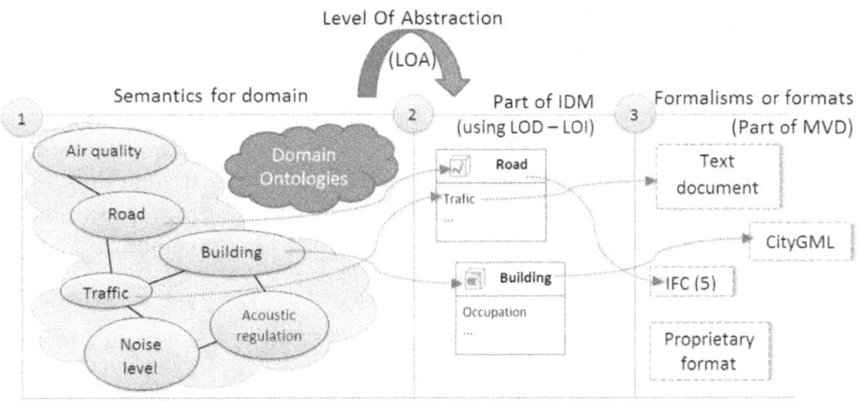

Figure 2. A three-steps modeling process based on (Bouzeghoub, 2006)

3.2. Integration of system engineering paradigm in BIM paradigm

Considering the project system and the product system concepts of system engineering, we have developed figure 4 below. It shows the integration of the paradigm of system engineering into the current BIM paradigm. The latter is composed of the BEP and its BIM uses, IDMs and MVDs as well as the project database and its associated conceptual model. Figure 4 shows the elements of figure 3 by integrating the process elements and the project database, product system and the design project.

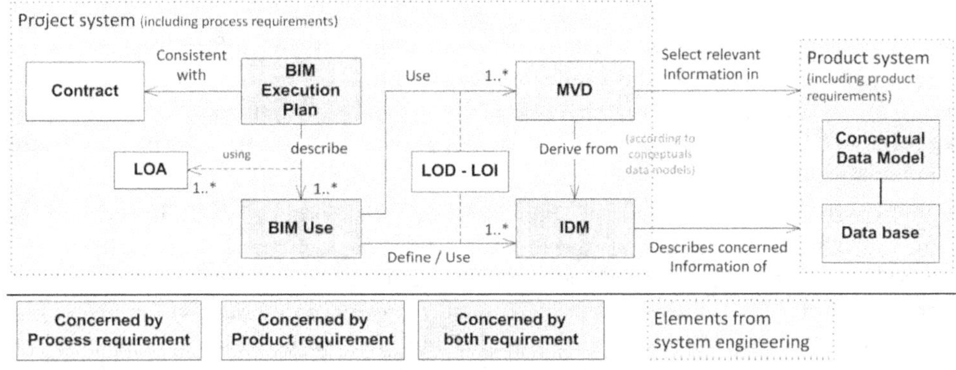

Figure 3. System engineering paradigm included in BIM paradigm

In this way, the modeling of information and its structuring make it possible to control the functional and product requirements (organic) and then to validate the coherence with the needs (operational vision) defined in table 1. Information modeling and its structuration must serve the satisfaction (and the verification) of requirements and operational needs. Conversely, poor structuring penalizes the processes.

3.3.   Modeling requirements for satisfaction and control of product requirements

It is therefore necessary to add another type of requirement: we call it "modeling require-ment" (see figure 5). It describes the modeling or representation of information to enable the satisfaction and the control of a requirement. It therefore takes into account the dimensions of geometrical complexity, dimensionality of the object and appearance described above. This corresponds mainly to spatial (3D) and topological (synoptic) information.

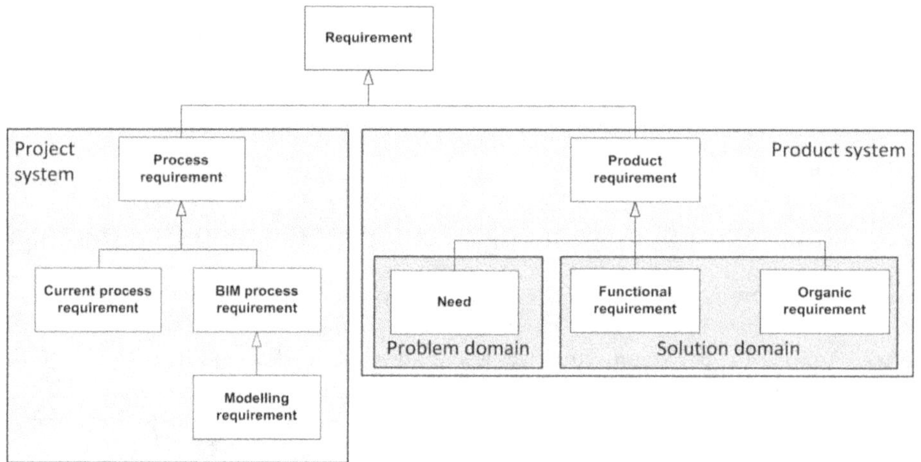

Figure 4. Types of requirements, adapted from requirement engineering

This conclusion is consistent with the distinction made in geospatial information and carto-graphy, summarised by Ruas: this distinction separates what we retain from reality and that we will model (the "what?") (what we have called "the process of abstraction", LOA) and how this reality will be modeled (the "how?") (Ruas, 2004) (with LOD-LOI, to verify the response to product requirements).

With the system engineering approach applied on the whole project, we define the needs in terms of information modeling (geometrical and nongeometrical information). The abstraction(s) that have a stakeholder on the project is driven by the system engineering approach. Then, LOD (object dimensionality and representation) and LOI (attributes but also metadata) are used to describe the needed information for each requirement to be processed. We present an extract of our results in the tables below (table 4 and table 5). In the dimensionality column, we use PERCEPTORY's pictograms defined in (Larrivée, Bédard, and Pouliot, 2005) for geospatial information to easily represent the spatial geometry.

Table 4. Example of operational requirement for a retention pond and object modeling

Operational requirement: the retention pond must receive all the rejects from the longitudinal network			
Object	attributs	dimensionnality	representation
pipe and other elements of longitudinal drainage system	Membership system	[cube icon] and [cube icon]	Topological synoptic with connections to retention ponds
retention pond	Name, number	[cube icon] or [cube icon]	Topological synoptic

Table 5. Example of organic requirement for a longitudinal drainage system and object modeling, consequence of operational requirement of table 2

Organic requirement: the longitudinal drainage network must consist of a pipe that allows flow Q25			
Object	attributs	dimensionnality	representation
pipe	diameter	[cube icon]	noir (compréhension de la scène) + signalisation horizontale en blanc
road	/	[cube icon]	black with white generic marking
safety barrier	/	[cube icon] or [cube icon]	To visualize implantation
Gantry (road sign)	/	[cube icon] or [cube icon]	To visualize implantation
...	...	...	...

This application shows that modeling for the same object is different according to the considered requirement. First considering the requirements allows defining the relevant modeling of information (modeling requirements) according to the abstractions (LOA). We clearly distinguish modeling needs in geometrical and nongeometrical modeling.

Our experimentation shows that even if abstractions can be classified "hierarchically" in some ways, at the level of the project it is not relevant to propose a classification (a numbering to prioritize them, for instance). In fact, how to prioritize the LOA knowing that abstraction is no longer based on scales as with deliverables but on the needs of the actors and their vision of the project (the "what" of the reality). LOA is defined for the whole modeling, compared to LOD and LOI that are defined for each modeling object, according to LOA and domain semantic.

Then, it is necessary to consider more dimensions (columns in the tables above) to introduce the notions of blur and imprecision for example. These dimensions were implicitly included in selected scale. Now with 3D modeling and 3D environment, they have to be explicitly considered and managed to guaranty the quality of information. This reflection should also question conceptual data models such as IFC to explore the feasibility of an extended definition of LOX as proposed here. The last point is to complete the BIM Execution Plan to allow this information management through requirement management and system engineering approach.

4.   Discussion

We have thus detailed some concepts implicitly included in the level of detail concept (including level of development, of definition…). However, experiments show that some fundamental issues are not resolved. Current definitions of level of detail define it as a tool. But in the cognitive process of a construction project, how move from a preliminary phase with fuzzy information (today difficult to explicitly model) without more precise information? What is the design process in terms of level of detail and abstraction (what a computer is currently unable to do)? The issue of level of detail in information becomes a problem of processes rather than tools. The strong link between structuring information and process requirements shown in (Tolmer, 2016) goes in this direction. Can the LOD concept be both a tool and an approach to the project process?

Process requirements, that describe the design processes (design and construction phases) should allow defining the relevant information to use or exchange, the relevant modeling of this information (modeling requirements) but also the information that has to be kept from one phase to another. This has to be think deeper, according to the ISO 19650, coming in few months, that propose an organisation of information requirements based on Organizational Information Requirements to specify Asset Information Model for operation. This further work will make our work in line with the principles of lean and improve information management for concurrent engineering processes. A classification for requirement has also to be defined in a further work to improve requirement management and coordination with all types of requirements defined in figure 5.

Conclusion

The current "level of detail" definitions referenced in (Bolpagni and Ciribini, 2016) deal only with the tool part and not with the abstraction issues (partially included in the LOD of CityGML) and the consideration of the cognitive design process which necessarily include the blur and intrinsic vagueness of construction projects. The notion of scale can no longer help us define the information content to produce or exchange.

The issue of level of detail of the information is not insignificant in the organization of the information of a project but also in the organization of the processes of production and choice of objects classifications. At this time, the most important element for the LOX definition of a project is the reflection leading to the definition of these LOX, more than the "content" of each LOX. This reflection, in relation to the requirements management and project management plan, influences the quality of the information produced. The above elements can help in this work.

Finally, we clearly think that these elements defined here correspond to what is to be considered for lean:

- use methodological tools and robust formalisms (system engineering, requirements engineering and BIM uses explicitly defined): removal of variability or irregularity (here in the project information);
- only use the relevant information for each response to requirements (through BIM uses, LOA and LOD – LOI): remove the excess, the overload of work engendered by processes not adapted;

- Create only the useful information for each requirement to remove any modeling that is worthless (processes requirements to achieve to product requirements and LOX).

Acknowledgment

I would like to express my appreciation to the French mirror comity members of CEN TC442 WG02 and WG03 for the explanation of some of the ideas mentioned here.

References

BADREAU, S., BOULANGER, J.-L. *Ingénierie des exigences. Méthodes et bonnes pratiques pour construire et maintenir un référentiel.* Paris: Dunod, 2014.

BILJECKI, F., LEDOUX, H., STOTER, J. Improving the Consistency of Multi-LOD CityGML Datasets by Removing Redundancy. In: ISPRS, 9th 3D GeoInfo Conference, United Arab Emirates, Dubai, 2014.

BILJECKI, F., LEDOUX, H., STOTER, J., ZHAO, J. Formalisation of the Level of Detail in 3D City Modelling. *Computers, Environment and Urban Systems* [online]. 2014, vol. 48. Available at: doi:10.1016/j.compenvurbsys.2014.05.004.

BOLPAGNI, M., CIRIBINI, A.L.C The Information Modeling and the Progression of Data-Driven Projects. In: CIB World Building Congress, Tampere, Finland, 2016, pp. 296–307.

BORRMANN, A., FLURL, M., JUBIERRE, J. R., MUNDANI, R. P., RANK, E. Synchronous Collaborative Tunnel Design Based on Consistency-Preserving Multi-Scale Models. *Advanced Engineering Informatics* [online]. 2014, vol. 28, pp. 499–517. Available at: doi:10.1016/j.aei.2014.07.005.

BOT, L., VITALI, M.-L. *Modélisation et Activités des ingénieurs.* Paris: L'Harmattan, 2011.

BOUZEGHOUB, M. Les bases de données et l'IDM. In: *L'Ingénierie dirigée par les modèles: au-delà du MDA.* Paris: Lavoisier, 2006.

BRITISH STANDARDS INSTITUTION, THE (BSI). *Specification for Information Management for the Capital/Delivery Phase of Construction Projects Using Building Information Modelling.* PAS 1192-2:2013. BSI, 2013.

FIORÈSE, S., MEINADIER, J.-P. (eds.) *Découvrir et Comprendre l'ingénierie système.* Toulouse: Cépaduès, 2012. Collection AFIS.

GROUPE STRUCTURATION DE DONNÉES. *Synthèse des modèles conceptuels développés dans le cadre de la recherche bâtiment en France.* Paris–La Défense: PCA, 1991.

HOWARD, R., BJÖRK, B.-C. Building Information Modelling: Experts' Views on Standardisation and Industry Deployment. *Advanced Engineering Informatics* [online]. 2008, vol. 22, pp. 271–280. Available at: doi:10.1016/j.aei.2007.03.001.

INTERNATIONAL ORGANIZATION FOR STANDARDIZATION (ISO). *Building Information Models – Information Delivery Manual – Part 1: Methodology and Format.* ISO 29481-1:2016. ISO, 2016.

INTERNATIONAL ORGANIZATION FOR STANDARDIZATION (ISO). *Building Information Models – Information Delivery Manual – Part 2: Information Framework*. ISO 29481-2:2012. ISO, 2012.

JOUINI, S. B. M., MIDLER, C. *L'Ingénierie concourante dans le bâtiment: synthèse des travaux du Groupe de réflexion sur le management de projet (GREMAP)*. Paris–La Défense: PCA, 1996.

KOTONYA, G., SOMMERVILLE, I. *Requirements Engineering: Processes and Techniques*. John Wiley & Sons, 1998.

KREIDER, R. G., MESSNER, J. *The Uses of BIM: Classifying and Selecting BIM Uses* [online]. The Pennsylvania State University, University Park, PA, USA. Retrieved from: http://bim. psu.edu.

KROB, D. Éléments d'architecture des systèmes complexes. In: APPRIOU, A. (ed.) *Gestion de la complexité et de l'information dans les grands systèmes critiques*. Paris: CNRS Éditions, 2009, pp. 179–207.

LARRIVÉE, S., BÉDARD, Y., POULIOT, J. How to Enrich the Semantics of Geospatial Databases by Properly Expressing 3D Objects in a Conceptual Model [online]. Berlin–Heidelberg: Springer, 2005. Available at: doi:10.1007/11575863.

LARRIVÉE, S., BÉDARD, Y., and POULIOT, J. Fondement de la modélisation conceptuelle des bases de données géospatiales 3D. *Revue internationale de géomatique* [online]. 2006, vol. 16, no. 1, pp. 9–27. doi:10.3166/rig.16.9-27.

MORAND, D. *Liaison entre la conception et la gestion de projet de bâtiments: PROJECTOR, un prototype pour la planification*. Université de Savoie, 1994.

OPEN GEOSPATIAL CONSORTIUM. *OGC City Geography Markup Language (CityGML) Encoding standard*. OGC, 2012.

RUAS, A. *Le Changement de niveau de détail dans la représentation de l'information géographique*. Université de Marne-la-Vallée, 2004.

TARANDI, The BIM Collaboration Hub: A Model Server Based on IFC and PLCS for Virtual Enterprise Collaboration. In: *Proceedings of the CIB W78-W102 2011: International Conference, 26–28 October 2011, Sophia-Antipolis, France*. 2011, pp. 951–960. Available at: doi:urn:nbn:se:kth:diva-59918.

TOLMER, C.-E. *Contribution à la mise en place d'un modèle d'ingénierie concourante pour les projets de conception d'infrastructures linéaires urbaines : prise en compte des interactions entre enjeux, acteurs, échelles et objets*. Université Paris-Est–Marne-la-Vallée, Lab'Urba, Équipe Génie Urbain, 2016.

TOLMER, C.-E., CASTAING, C., MORAND, D., DIAB, Y. Information Management for Linear Infrastructure Projects: Conceptual Model Integrating Level of Detail and Level of Development. In: 32nd CIB W78 Conference, 2015, Eindhoven, The Netherlands.

TOLMER, C.-E., CASTAING, C. Information Management for Linear Infrastructures Projects: System Engineering and Data Modeling. In: ICCCBE2016, 6–8 July 2016, Osaka, Japan.

TOLMER, C.-E., RIBEIRO, R. The Use of BIM in Dispute Avoidance: From Design to Operation. Dispute Review Board, 2017.

VOLK, R., STENGEL, J., SCHULTMANN, F. Building Information Modeling (BIM) for Existing Buildings – Literature Review and Future Needs. *Automation in Construction* [online]. 2014, vol. 38, pp. 109–127. Available at: doi:10.1016/j.autcon.2013.10.023.

CHAPITRE 2

Applying Devops practices in a MDE context – Towards a better BIM adoption

Geoffrey ARTHAUD

Ministère de l'Environnement de l'Énergie et de la Mer,
Centre de prestations et d'ingénierie informatiques
e-mail: geoffrey.arthaud@developpement-durable.gouv.fr

Abstract

Building Information Modeling (BIM) has increased its popularity within the construction industry. But various difficulties prevent AEC industry from managing its digital transformation, especially the adoption of BIM Stage 3. By comparing to the software industry, this paper aims to understand how DevOps approach could be applied to AEC sector, especially if a model-driven engineering (MDE) approach is used. This study first defines BIM as a specific case of MDE, and then suggests a redefinition of developer/operator roles from DevOps to AEC domain: the BIM producer and the BIM reviewer. As results, this paper identifies main difficulties to adopt a MDE-based approach by comparing to similar work in software development. Then it suggests that every actor may act as BIM producer or BIM reviewer, and introduces a conceptual DevOps toolchain for BIM. This toolchain emphasizes the main technical challenges for open-source tools to support the DevOps approach.

Keywords

BIM, MDE, DevOps, collaboration, automation, IFC.

Résumé

La modélisation de l'information sur le bâtiment (BIM) a augmenté sa popularité dans l'industrie de la construction. Mais diverses difficultés empêchent l'industrie d'AEC de gérer sa transformation numérique, en particulier l'adoption de BIM Stage 3. En comparant l'industrie du logiciel, cet article vise à comprendre comment l'approche DevOps pourrait être appliquée au secteur AEC, en particulier si une ingénierie pilotée par modèle MDE) est utilisée. Cette étude définit d'abord BIM comme un cas spécifique de MDE, puis suggère une redéfinition des rôles développeur/opérateur de DevOps vers le domaine AEC : le producteur BIM et l'évaluateur BIM. En tant que résultats, ce document identifie les principales difficultés pour adopter une approche MDE en comparant un travail similaire dans le développement de logiciels. Ensuite, il suggère que chaque acteur peut agir en tant que producteur BIM ou critique BIM, et présente une chaîne conceptuelle DevOps pour BIM. Cette chaîne d'outils souligne les principaux défis techniques pour les outils open source pour soutenir l'approche DevOps.

Mots-clés

BIM, MDE, DevOps, collaboration, automation, IFC.

Introduction and motivation

Building Information Modeling (BIM) has increased its popularity within the construction industry, and many industrial, governmental, academic initiatives promote development and implementation of BIM. However, its adoption is a slow process, because AEC industry is comfortable with the traditional methods that have been operation for decades (Vass and Gustavsson, 2014). More globally, the need of faster processes, less costs and more lean management in this sector should have accelerated its digital transformation (Bounfour, 2015). But various difficulties prevent AEC industry from managing this transformation, especially the adoption of BIM Stage 3, according to the nomenclature from Succar (2009), Boton and Kubicki (2014).

Software development is another industry which encounters many transformations of processes through agility and more recently DevOps. Thanks to DevOps, big companies offering Internet-based services (Google, Apple, Facebook, Amazon…) deploy software functionalities on a daily basis (Lwakatare, Kuvaja, and Oivo, 2015), and succeed in improving projects duration and costs, according to the lean management.

This paper aims to understand how DevOps approach could be applied to AEC sector, and suggests pragmatic solutions for a better adoption of BIM. Software and AEC industries are closer than we may think: BIM deals with file exchanges based on CAD tools, many iterative processes occur during an AEC project, and thanks to parametric design (Jabi, 2013), architects and designers have never been closer to software developers. Another important point is that BIM is a way to use model-driven engineering (MDE). MDE is also a methodology applied in many IT projects. Therefore, this paper aims to apply DevOps approach in a MDE context, for a more pertinent comparison between software development domain and AEC sector.

As DevOps has recently appeared, little previous work could be found concerning its application on BIM. The concept of BimOps has been introduced (Gidei, 2016), and focuses on iterative exchanges between phases of an AEC project. This paper suggests another approach by stimulating every potential iterative exchange between AEC actors. More generally, model-driven projects have tried out the use of continuous integration, an element of DevOps (Garcia-Diaz, 2012), and several success-stories from companies show the use of a DevOps workflow with model-driven development, a subset of MDE (Katoch, 2016).

First, this study indicates to what extent BIM is a MDE use case and suggests a DevOps terminology compatible with AEC domain. Then, some results are exposed to understand the difficulties of adopting the MDE approach in BIM context and a conceptual DevOps framework for BIM is introduced.

1. Method and analysis of concepts

1.1. Technical compliance of IFC-based BIM with MDE approach

Model-driven engineering (MDE) focuses on creating and managing domain models to design, build and maintain a target artifact. To achieve this goal, this approach combines domain-specific modeling languages and transformation engines (Schmidt, 2006). BIM complies with this approach, especially when using Industry Foundation Classes (IFC). IFC provides an interoperable language and covers a wide variety of AEC disciplines. This standard is built from EXPRESS language, which belongs to STEP technical space.

Concerning the software development domain, MDE massively use the Eclipse Modeling Framework (EMF) (Kolovos, Matragkas, et al., 2015), which belongs to another technical space, based on Ecore language. But both Ecore and EXPRESS deal with the highest abstraction modeling level: M3 (metametamodel) (Langer, Wieland, et al., 2011; Arthaud, 2007). Therefore, several works have succeeded in transforming models from STEP to EMF technical space (Beetz, Van Berlo, et al., 2010; Steel, Duddy, et al., 2011).

Therefore, every generic result of researches on MDE could be applied on BIM: Thanks to Aspect-Oriented Modeling (AOM) an IFC product model could benefit from refactoring tasks or search-and-replace tasks, like software source code with a modern Integrated Development Environments (IDE) (Kramer, Klein, et al., 2013).

1.2. BIM maturity levels among modeling concepts

MDE is not the only concept dealing with models. In software development domain, Model-driven architecture (MDA) is the early principle and the most specific one Brown, 2004).

Since the emergence of MDA, a variety of new acronyms appeared to specify modeling techniques and their integration level within the studied domain (Cabot, 2014; Vallecillo, 2014). On the AEC side, BIM maturity levels have been defined inspired from IT common standards like CMMI, to help evaluation of BIM adoption and use (Succar, 2009; Boton and Kubicki, 2014).

This paper suggests an integration of BIM maturity levels within modeling concepts:

- Model-based engineering (MBE): MBE is a softer version of MDE where models are used but they don't drive processes. BIM Stage 1 is the corresponding item, as object-based modeling is used but no model-based interchanges occur.
- Model-driven engineering (MDE): As seen before, designing and exchanging IFC product models are MDE activities.
    - BIM Stage 2 deals with model-oriented collaboration. But in this case, the product model is neither unique nor persistent from design to construction to operations. A commonly approach is to maintain a reference model containing major required information to coordinate the work (Linhard and Steinmann, 2014). In this situation, this artifact is a MDE-compliant model which supports checking (conflicts and clashes detection) and transformations.
    - BIM Stage 3 deals with a unique and complete product model for the entire life cycle of the product. MDE activities could obviously be managed in this case.
- Model-driven development (MDD) and model-driven architecture (MDA): They are specific to software development concerning code generation (MDD) and code generation using OMG standards (MDA).

Figure 1 is adapted from (Cabot, 2014) to show BIM levels. The adoption of BIM Stage 2 is currently the main goal of many organizations. Therefore, managing a central reference model which can support model checking is essential to benefit from MDE, even if this model does not contain all detailed information or has to be rebuilt at construction and operations phases.

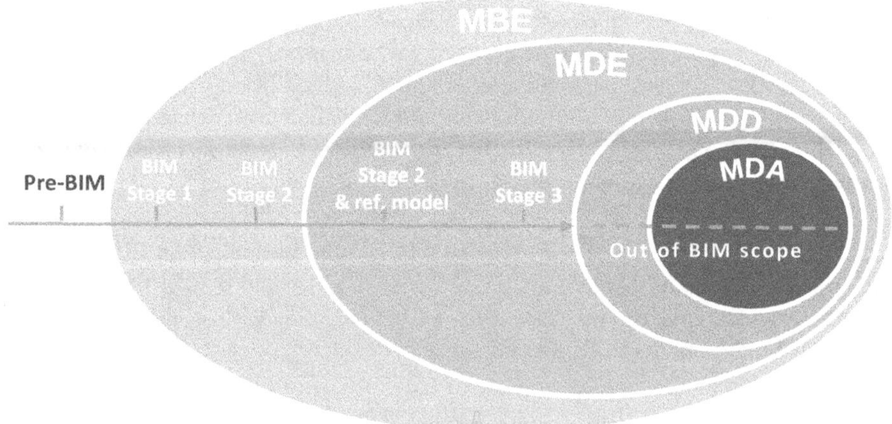

Figure 1. BIM maturity levels within the modeling concepts

In this context, BIM could be considered as an application of MDE. As a result, this paper identifies main difficulties to adopt a MDE-based approach by comparing to similar work in software development (see § 3.1).

1.3.   The DevOps approach in a MDE context

DevOps (a mix of developers and operations) is a major disruption of IT practices. It bridges the gap between software developers and IT operators, by providing continuous integration, deployment and operation (Claps, Svensson, and Aurum, 2015). This paradigm has significant impact on both processes and tools.

As this study aims to apply DevOps on BIM, we need to focus on MDE context, which is not currently the nominal methodology of software development. We don't see any theoretical incompatibility between these approaches. But little previous work could be found in academic research or practitioners' feedback concerning this association. An obvious reason is that both methodologies need separated (and significant) investments and separated change of processes. Nevertheless, several works related to this topic have been identified:

- Continuous integration on model-driven software development (Garcia-Diaz, 2012). Two main challenges have been addressed: finding a version control system adapted to working with models and implementing the incremental generation of artifacts from models.
- A success story of MDD in a DevOps framework (Katoch, 2016), aiming on bridging the gap between design and deployment and between design and test.
- Good practices of model-driven software development (Efftinge, Friese, and Kohnlein, 2008) inspired by Agile methods and compliant with continuous integration systems.

This study suggests an adaptation of the results from these previous works to BIM context. DevOps paradigm needs however to be clarified for the AEC domain, before any attempt of a "DevOps compliant" solution.

1.4.   A DevOps terminology for AEC domain

In order to apply the DevOps approach, the developer/operator roles need to be redefined for AEC domain. The BimOps concept from (Gidei, 2016) suggests studying the more general relations between a stage from a building project and the following ones: brief – concept, concept – design, design – construction and construction – operation. It emphasizes the different nature of an AEC project: it can hardly become a high-frequency iterative process, especially for the loop design – construction – operation. But each phase could become intensively iterative, especially the design phase. So, we suggest in this study a different method by introducing two functional roles, illustrated in figure 2 with the common DevOps toolchain (Seroter, 2014; Kharnagy, 2016):

- The BIM producer (developer side): this role creates/modifies information on BIM with design, digital acquisition or other tools able to edit BIM information directly.
- The BIM reviewer (operator side): this role uses BIM to interact with another artifact: a technical study/report, the real construction product… He reviews the product model but cannot directly modify BIM information.

In this view, any kind of actor may act as a BIM producer or a BIM reviewer: designer, construction actor, FM operator. A DevOps approach can then occur because it is focused on iterative tasks within AEC phases and not on the global incremental process of an AEC project. This study suggests an application of these functional roles for design, construction and operation processes (see § 3.2).

DevOps phenomenon is multifaceted. A study from (Lwakatare, Kuvaja, and Oivo, 2015) has defined a conceptual framework to describe the main common elements of DevOps from various sources. These elements are: collaboration, automation, measurement, monitoring. This study analyses these factors on BIM context (see § 3.2).

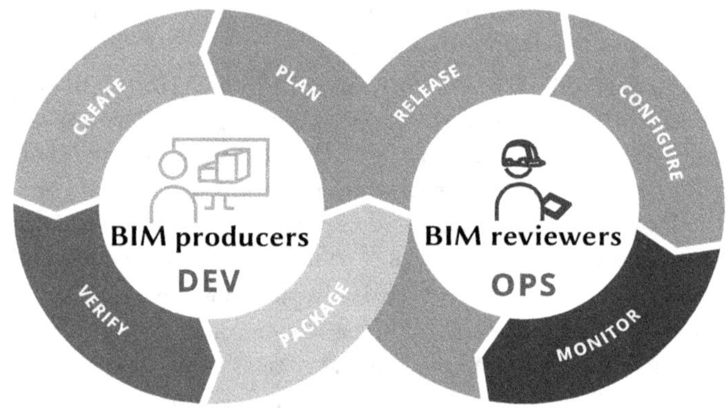

Figure 2. Integration of BIM roles in a DevOps context, adapted from (Kharnagy, 2016)

2. Results

2.1. MDE adoption hurdles applied to BIM

In the software development domain, MDE encounters various technical, cultural and economic hurdles (Vallecillo, 2014). Table 1 suggests an analysis of every difficulty by answering two questions:

- How does it make sense in the BIM world?
- Which level of maturity is concerned by this difficulty?

From this analysis, it can be observed that:

- Concerning technical issues, BIM seems surprisingly more mature than software development. BuildingSMART initiative has helped to this success by creating and maintaining an interoperable format for two decades. A support of BIM Stage 2 could be massively reached if open-source developments on BIM are intensified on every MDE aspect (languages support, model transformations and checking). An open-BIM community could then be reinforced and by harmonizing processes, BIM actors could accelerate the support of BIM Stage 3.

- Concerning cultural and economic issues, the BIM situation seems rather similar to software development situation. Several factors have been identified to support MDE adoption (Mohagheghi, Gilani, et al., 2012) perceived usefulness, ease of use, maturity of tools and ROI/cost-effectiveness. As expected, these factors have been identified in several researches on BIM adoption (Vass and Gustavsson, 2014). This paper argues that, if the first three factors could be partially improved by improving technical solutions, short-term ROI can be hardly found by AEC companies. Only audacious decisions from AEC actors at strategic level or incitement from public government could support BIM adoption for its long-term ROI.

Table 1. Adaptation of MDE hurdles for BIM domain and maturity levels

Topic	Original MDE hurdle (Valecillo, 2014)	Analysis for BIM	Stage 2	Stage 3
Technical	Lack of mature tools in production environments	Major CAD tools interoperate with BIM. Mature open-source BIM tools is lacking for level 3		•
	Lack of well-defined semantics	BuildingSMART has succeeded in well-defined semantics through IFC, IFD and IDM/MVD		
	Lack of documented and proven MDE processes	Model checking becomes a common practice on BIM (Dieckmann and Russel, 2014), but using a unique model through construction/ operations processes remains research/POCs		•
	No "MDE Good Practices" manuals	Good principles on BIM become available but generic BIM good practices is lacking because of the diversity of BIM tools and CAD editors	•	•
	Lack of model validation tools	Various commercial tools, lack of open-source tools	•	•
	No guarantee to get better software	Unlike software development, BIM is more a question of interoperability than higher abstraction. Better interoperability leads to better product in the AEC context		
	Choice of the good flavor of MDE is critical	Less relevant for BIM as major CAD tools use IFC		
Cultural	Lack of education, team experience	Actors of design process are cumulating experience on BIM. But the variety of specific operators during construction phase makes this education slow and difficult	•	•
	No enough emphasis on users needs	Especially during construction phase where actors are affected specialized tasks	•	•
	Flawed information about MDE	Different culture between architects, builders, FM operators may lead to conflicting viewpoints about BIM	•	•
	Lack of abstraction skills	As seen before, BIM challenge is more on interoperability than abstraction		
	Conservative mind-set of software practitioners/ managers	Sharing and consolidating information become part of AEC mind-set. But overcoming and sharing contractual responsibilities among all BIM project actors is not currently the trend (Boton and Kubicki, 2014)		•
	Conservative mind-set of managers	AEC sector is comfortable with the traditional methods that have been operation for decades (Vass and Gustavsson)	•	•

Topic	Original MDE hurdle (Valecillo, 2014)	Analysis for BIM	Stage 2	Stage 3
Economic	Fear of excessive over-costs/ business climate focused on short-term gain	BIM is associated to initial direct costs: hardware, software, BIM manager salary, training personnel	•	•
	Quantify investments in the mid-term	Further analyses of BIM processes are needed to evaluate the economic effects of working on BIM (Vass and Gustavsson), especially for Level 3		•
	Re-education of development teams	This point is quite critical for AEC sector because of the variety of actors	•	•

2.2. Elements of DevOps for AEC

Two functional roles could be defined to apply DevOps for AEC: the BIM producer and the BIM reviewer. Any kind of actor could play the BIM producer or the BIM reviewer. Every phase from the AEC project is involved. Figure 3 show various examples of iterative interactions between the BIM producer, who directly enriches the BIM, and the BIM reviewer, who reviews these changes and is able to notify the producer with structured feedbacks, even if he has no tool and/or skill to directly modify the BIM.

This study argues that feedback is fundamental here, because every AEC actor could report bugs and notifications, even in a structured way compatible with BIM, he does not need to have design knowledge to modify the BIM. This feedback assures the necessary continuity between the "Dev" side and the "Ops" side. Besides this approach does not force an iterative process between project phases because we argue that design – construction – operation loop is rather incremental than iterative.

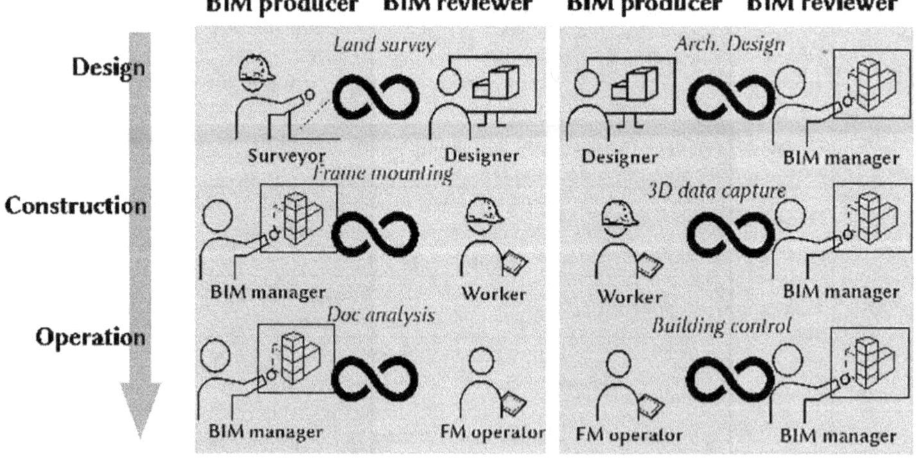

Figure 3. Identification of BIM producer/reviewer roles through use cases

Another result of this paper is the application of DevOps elements on MDE context and AEC domain. Table 2 analyses the outcomes of DevOps from [LKO15] by:

- Identifying constraints for MDE context, applicable for BIM.
- Deducing outcomes for AEC industry, taking into account its own specificities.

Table 2. Application of DevOps elements in a MDE context for AEC domain

Element	Outcomes of DevOps [LKO15]	Specificities of MDE context	Outcomes for AEC domain
Collaboration	Increased feedback loops	Incremental generation from models	Provided feedback tools (e.g. BCF tools) to every AEC actor: design reviewer, on-site worker, FM operator...
	Shared responsibilities	Increased traceability with version control system, compatible with models	Central role of the BIM manager as the information coordinator
	broadening of skills	–	
	Shifting responsibilities	–	
Automation	Automated deployment tools	Code generation integrated in build process, generation of test cases from design model, automated model-checking	Automated rule-based model-checking, implemented a BIM tool-chain for an automatic generation of structured documents: architectural, MEP, execution...
	Infrastructure and functionality are provisioned and deployed repeatedly and fast in cloud environment	Generation of infrastructure and provisioning parameters from design model	Implemented a BIM toolchain in a cloud environment, adapted target platform from dynamic parameters: documents templates, used rules for model-checking.
Measurement	Software development efforts are effectively measured. Measured the technical debt.	Model-oriented version control system, traceability of corrections of model-checking errors	Integrated every BIM feedback in a version control system. Measured the "BIM debt"
Monitoring	Consolidated view of operational data as feedback to development	Relevant model to model (M2M) and model to text (M2T) transformations	Automated model feedbacks using model views (e.g. IFD/MVD) for specific actors playing the BIM reviewer role
	Systems designed to expose relevant information		

From this table, it can be observed:

- Feedbacks and the central role of a BIM manager are essential, as seen before.
- Specific MDE tools are needed to obtain a fully working DevOps toolchain.
- We suggest also the concept of BIM debt, an analogy to the software technical debt (Sterling, 2010) with a measure of the necessary workload to obtain a quality grade, from model-checking algorithms and/or feedbacks of BIM reviewers.

2.3.   Towards a DevOps toolchain for BIM

From § 3.1 and § 3.2, this study suggests a conceptual toolchain, inspired by existing multiple DevOps tools. As stated in § 3.1, a major technical factor for BIM adoption is the existence of well-maintained and mature open-source tools. Various existing open-source tools are emerging, and this could be a major key to success for a massive adoption of BIM for both Stage 2 and Stage 3. For example, the open-source initiative BIMserver.org (Beetz, Van Berlo, De Laat, 2010) provides a server-based workflow with a lot of possibilities to add plug-ins, which could complete the missing elements for a DevOps toolchain, at least partially. Many publications on Bimserver.org are available (Beetz, 2017).

Figure 4 is a representation of the suggested and the conceptual DevOps toolchain, based on necessary tools introduced in § 3.2.

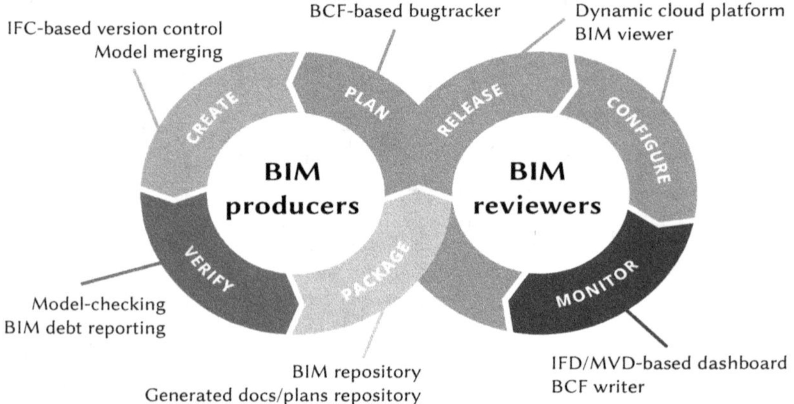

Figure 4. Conceptual DevOps toolchain for BIM-based projects

From this view, this study identifies the following main challenges concerning open-source tools:

- an efficient version control system for product models (e.g. IFC-based models);
- a ready-to-use and configurable platform for model-checking: clash detection, product model grammar bugs, complexity measures;
- a relevant dashboard of monitored information;
- an integrated system for a continuous handling of feedbacks (e.g. BCF-based bug tracker).

Conclusion

This paper has suggested a way to understand BIM adoption challenges by comparison with software projects which use MDE (see § 3.1). In this context, an adapted view of DevOps concept is suggested for AEC industry, by introducing BIM producer (developer) and BIM reviewer (operator) role, in order to favor iterative processes between any kind of actors (see § 2.4 and 3.2). A conceptual DevOps toolchain is represented to emphasize the necessary technical tools to efficiently run processes on a DevOps basis (see § 3.3).

Like the software development industry, applying DevOps should be progressive and this paper has suggested solutions, which should be partially applicable for BIM Stage 2, especially if using a reference model as seen on (Linhard and Steinmann, 2014). A successful application of the entire DevOps toolchain should be seen as a way to reach the BIM Stage 3.

This study has reviewed various works on MDE, DevOps and BIM to get these theoretical results. The next step should be a concrete experimentation of this methodology, through existing and/or new tools. Finding a successful progressive implementation from BIM Stage 1 as entry point and BIM Stage 2 as checkpoint could be an efficient method.

References

ARTHAUD, G. *Structural and semantic comparison to synchronize Digital Mock-Up for Construction*. École des Ponts ParisTech, 2007.

BEETZ, J. BIMserver publications [online]. 2017. Available at: http://bimserver.org/documentation/scientific. [Last accessed: March 2017].

BEETZ, J., VAN BERLO, L., DE LAAT, R., VAN DEN HELM, P. BIMserver.org – an open-source IFC model server. In: *Proceedings of the CIB W78 2010: 27th International Conference*. 2010.

BOTON, C., KUBICKI, S. Maturité des pratiques BIM: dimensions de modélisation, pratiques collaboratives et technologies. In: *SCAN'14, 6ᵉ Séminaire de conception architecturale numérique*, Luxembourg, 2014, pp. 45–56.

BOUNFOUR, A. *Digital Futures, Digital Transformation*. Springer, 2015.

BROWN, A. W. Model Driven Architecture: Principles and Practice. *Software and Systems Modeling*. Springer, 2004, vol. 3, no. 4, pp. 314–327.

CABOT, J. Clarifying concepts: MBE vs MDE vs MDD vs MDA [online]. 2014. Available at: http://modeling-languages.com/clarifying-concepts-mbe-vs-mde-vs-mdd-vs-mda. [Last accessed: March 2017].

CLAPS, G. G., SVENSSON, R. B., AURUM, A. On the Journey to Continuous Deployment: Technical and Social Challenges Along the Way. *Information and Software Technology*, 2015, vol. 57, pp. 21–31.

DIECKMANN, A., RUSSEL, P. J. The Truth Is in the Model: Utilizing Model Checking to Rate Learning Success in BIM Software Courses. In: *Proceedings of the 32nd eCAADe Conference*. 2014, vol. 2.

EFFTINGE, S., FRIESE, P., KOHNLEIN, J. Best Practices for Model-Driven Software Development [online]. 2008. Available at: https://www.infoq.com/articles/model-driven-dev-best-practices. [Last accessed: March 2017].

GARCIA-DIAZ, V. MDCI: Model-Driven Continuous Integration. *Journal of Ambient Intelligence and Smart Environment*. 2012, vol. 4, no. 5, pp. 479–481.

GIDEI, R. From DevOps to BimOps [online]. 2016. Available at: https://medium.com/@radug/from-devops-to-bimops-33c737de190. [Last accessed: March 2017].

JABI, W. *Parametric Design for Architecture*. Laurence King Publishing, 2013.

KATOCH, S. The Role of Model Driven Development in DevOps. In: InterConnect 2016. The Premier Cloud & Mobile Conference, 2016.

KHARNAGY. Illustration showing stages in a DevOps toolchain, licensed under CC BY-SA 4.0. [online]. 2016. Available at: https://commons.wikimedia.org/wiki/File:Devops-toolchain.svg. [Last accessed: March 2017].

KOLOVOS, D. S., MATRAGKAS, N. D., KORKONTZELOS, I., ANANIADOU, S., PAIGE, R.F. Assessing the Use of Eclipse MDE Technologies in Open-Source Software Projects. In: *Proceedings of the International Workshop on Open Source Software for Model Driven Engineering*. 2015, pp. 20–29.

KRAMER, M. E., KLEIN, J., STEEL, J. R. H., MORIN, B., KIENZLE, J., BARAIS, O., JÉZÉQUEL, J.-M. Achieving Practical Genericity in Model Weaving Through Extensibility. In: *Theory and Practice of Model Transformations*. Springer Nature, 2013, pp. 108–124.

LANGER, P., WIELAND, K., WIMMER, M., CABOT, J. From UML Profiles to EMF Profiles and Beyond. Berlin–Heidelberg: Springer, 2011, pp. 52–67.

LINHARD, K. STEINMANN, R. BIM-Collaboration Processes from Fuzziness to Practical Implementation. In: *eWork and eBusiness in Architecture, Engineering and Construction*. Informa UK, 2014, pp. 27–31.

LWAKATARE, L. E., KUVAJA, P., OIVO, M. Dimensions of DevOps. In: *Lecture Notes in Business Information Processing*. Springer Nature, 2015, pp. 212–217.

MOHAGHEGHI, P., GILANI, W., STEFANESCU, A., FERNANDEZ, M.A. An Empirical Study of the State of the Practice and Acceptance of Model-Driven Engineering in Four Industrial Cases. *Empirical Software Engineering*. Springer, 2013, vol. 18, no. 1, pp. 89–116.

SCHMIDT, D. Guest Editors Introduction: Model-Driven Engineering. *Computer*. IEEE, 2006, vol. 39, no. 2, pp. 25–31.

SEROTER, R. Exploring the ENTIRE DevOps Toolchain for (Cloud) Teams [online]. 2014. Available at: https://www.infoq.com/articles/devops-toolchain. [Last accessed: March 2017].

STEEL, J., DUDDY, K., DROGEMULLER, R. A Transformation Workbench for Building Information Models. In: *Theory and Practice of Model Transformations*. Springer Nature, 2011, pp. 93–107.

STERLING, C. *Managing Software Debt*. Pearson Education (US), 2010.

SUCCAR, B. (2009). Building Information Modeling Framework: A Research and Delivery Foundation for Industry Stakeholders. *Automation in Construction*. 2009, vol. 18, no. 3, pp. 357–375.

VALLECILLO, A. On the Industrial Adoption of Model Driven Engineering. Is Your Company Ready for MDE? *International Journal of Information Systems and Software Engineering for Big Companies*. 2014, vol. 1, no. 1, pp. 52–68.

VASS, S., GUSTAVSSON, T. K. The Perceived Business Value of BIM. In: *eWork and eBusiness in Architecture, Engineering and Construction*. Informa UK, 2014, pp. 21–25.

CHAPITRE 3

État de l'art afin de développer le HBIM du projet HeritageCare

Aurélie TALON, Clémence CAUVIN, Alaa CHATEAUNEUF

Université Clermont Auvergne – Institut Pascal UMR 6602

e-mail : aurelie.talon@uca.fr

Abstract

In France, there is no appropriate system for the management of historic monuments that takes into account monitoring, inspection and preventive maintenance. In this context, the European HeritageCare project is to develop a methodology for the diagnosis of historical monuments based on the BIM. The development of this methodology builds on existing research on Heritage Building Information Modeling (HBIM), risk analysis of BIM and maintenance methods using BIM. Three levels of management are envisaged within the HeritageCare methodology (from regular inspection for level I to HBIM for level III), which are associated with different diagnostic techniques (visual, destructive and nondestructive auscultation…) and a more or less important level of detail and information. As part of the HeritageCare project, the developed HBIM will have three functions: (1) operational monitoring of diagnostics and maintenance work, (2) storage of information, and (3) a means of communication.

Key words

Historic monument, HBIM, risk analysis, diagnosis, inspection, maintenance.

Résumé

Il n'existe pas en France de système approprié de gestion des monuments historiques qui tienne compte de la surveillance, l'inspection et la maintenance préventive. Dans ce contexte, le projet européen HeritageCare consiste à développer une méthodologie de diagnostic des monuments historiques s'appuyant sur le BIM. Le développement de cette méthodologie s'appuie sur les travaux de recherche existants relatifs à l'Heritage Building Information Modeling (HBIM), à l'analyse de risques associant le BIM et aux méthodes de maintenance utilisant le BIM. Trois niveaux de gestion sont envisagés dans le cadre de la méthodologie HeritageCare (de l'inspection régulière pour le niveau I au HBIM pour le niveau III), auxquels sont associées différentes technicités de diagnostic (visuel, auscultation destructive et non destructive…) et un niveau de détail et d'informations plus ou moins important. Dans le cadre du projet HeritageCare, le HBIM développé aura trois fonctions : (1) le suivi opérationnel des diagnostics et des travaux de maintenance ; (2) un stockage des informations et (3) un moyen de communication.

Mots-clés

Monuments historiques, HBIM, analyse de risques, diagnostic, inspection, maintenance.

Introduction

Dans le contexte des monuments historiques, il n'existe pas de système approprié de gestion du patrimoine qui tienne compte de la surveillance, de l'inspection et de la maintenance préventive. Ainsi, le projet HeritageCare a pour objet l'aide à la préservation des monuments historiques (classés et inventoriés) en développant une méthodologie de diagnostic s'appuyant sur le BIM. Cette méthodologie concerne les biens mobiliers et immobiliers. Elle est à destination des propriétaires privés et publics de monuments historiques ; elle vient en appui des missions de la DRAC.

En plus des objectifs de sensibilisation des propriétaires de bâtiments ayant une valeur historique et culturelle aux inspections et maintenances préventives et de développement d'une méthodologie de diagnostic, le projet HeritageCare vise à impliquer la société, la communauté scientifique et technique, les institutions publiques et le secteur de la conservation dans une logique plus efficace et durable pour la protection du patrimoine historique et culturel.

Les sorties de cette méthodologie seront : un diagnostic régulier (visuel et instrumenté) de l'état de leur monument, des recommandations en termes d'entretien courant et de travaux à entreprendre, un outil de gestion de l'état de leur monument.

Cette communication présente un état de l'art des applications du BIM pouvant être utile au projet développé, à savoir : le HBIM (Heritage Building Information Modeling), l'analyse de risques et les méthodes de maintenance. Dans un second temps, le contexte du projet, les différents niveaux de gestion prévus et le développement du HBIM envisagé seront présentés.

1. État de l'art

Les problématiques de préservation des monuments historiques et les différentes politiques de gestion de ces monuments sont décrites par Choay (1996 ; 2009) et Thibault (2009).

Dans ce paragraphe, nous aborderons successivement l'état de l'art relatif au HBIM, à l'analyse de risques associant le BIM et aux méthodes de maintenance utilisant le BIM.

1.1. État de l'art du HBIM

Les papiers relatifs au HBIM peuvent être classés en trois catégories : ceux qui s'intéressent aux équipements de mesure pour créer une maquette numérique, ceux qui concernent les bibliothèques d'objets et ceux considérant une démarche pour la préservation des monuments historiques.

Pour ce qui concerne l'aide à la création de maquette numérique, Rua et Gil (2014) explique la démarche développée pour modéliser un monument historique difficilement accessible. La démarche proposée est synthétisée à la figure suivante. Cette démarche a recours à de la géolocalisation, une bibliothèque d'objets et de la digitalisation.

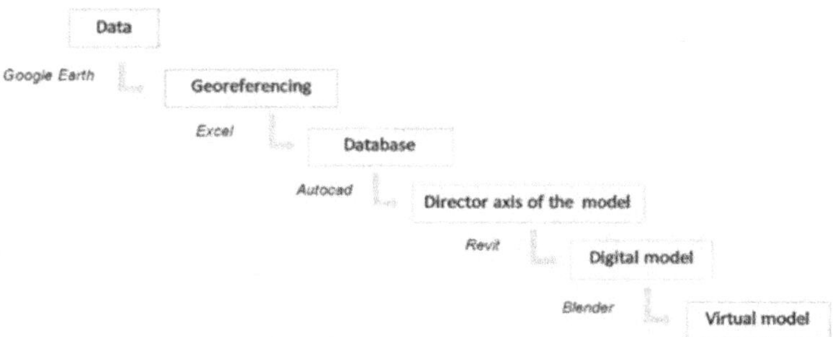

Figure 1. Démarche de modélisation d'un monument historique (Rua et Gil, 2014)

Ces auteurs proposent également une comparaison de certains logiciels permettant de modéliser les bâtiments historiques. Cette comparaison est détaillée dans le tableau suivant.

Tableau 1. Comparaison de certains logiciels pour la modélisation de bâtiments historiques (Rua et Gil, 2014)

Modelling characteristics			
	AutoCAD	Revit	Blender
2D	Direct drawing	Indirect drawing: only after 3D modelling is possible to obtain 2D drawings	Direct drawing
3D	Modelling solid shapes based on Boolean operations	Objects defined with its own characteristics ('filled' and 'void' modelling families)	"Epidermal" design tool (more applicable to highly undefined design stages)
Visualization Particularities	Allows making renders and movies with some quality – Not suitable for sketching or for free-form modelling – Not suitable for real-time visualization. – High potential to be used in modelling/ construction (technical drawing) – High potential for programming languages (e.g. VisualScheme) and interaction with others software (e.g. Excel) – Higher level of complexity elements (parametric models and associative geometry) – Programming requires redoing all geometry from the beginning, whenever necessary to correct the value of a parameter	Materials predefined families; appropriate for rendering – Obscure modelling because of the lack of Boolean operations (only subtraction is possible) – There is no way of knowing which restrictions have already been applied – Lack of abstraction. Method is based on technical drawings, depending on orthogonal projections (views) – Easy and quick way to create models of associative and parametric geometries (but with some limitations in complex geometries) – Schedules linked to elements enable both real-time visualization and correction of the model parameters	High-quality renders and movies – Free and 'light' open source software (portable in a pen-disk) – Game engine integrated (possibility of real-time interaction with the model) – Conversion for another format is possible with eventual loss of quality – Suitable for real-time visualization and rapid prototyping

Kaik (2017) propose également une démarche de réalisation de maquette numérique sur la base d'un relevé au laser. Une fois les images capturées et traitées, elles sont assemblées pour créer le modèle numérique. Cette démarche, qui s'appuie également sur une bibliothèque d'objet, est précisée à la figure suivante.

Figure 2. Démarche de réalisation d'une maquette numérique à partir d'un relevé au laser (Kaik, 2017)

Bhatla, Choe, *et al.* (2012) présentent une comparaison des différentes techniques de mesure permettant de créer ensuite une maquette numérique de monument historique. Cette comparaison est détaillée dans le tableau suivant. Quatre techniques sont comparées : la photogrammétrie, la vidéogrammétrie, la caméra 3D et le scanner laser.

Tableau 2. Comparaison des différentes techniques de mesure pour établir une maquette numérique (Bhatla *et al.*, 2012)

	Photogrammetry	Videogrammetry	3D camera ranging	Laser scanning
Automation of spatial data retrieval	Manual/semi-automated	Automated (limited to non uniform texture regions)	Automated	Automated
Spatial data accuracy	Accurate	Accurate	Not as accurate as photogrammetry and videogrammetry	Most accurate
Spatial data resolution	Low	High	Low	High
Equipment cost	Low (hundreds)	Low	Affordable	High (thousands)
Equipment portability	Lightweight	Lightweight	Portable	Non-portable
Spatial data speed	Non real time retrieval	Real time retrieval	Ream time retrieval	Non real time retrieval
Range distance	Medium	Medium	Short range	Long range
Operation time	Sensitive to light	Sensitive to light	Operates day and night	Operates day and night

De Luca (2009) synthétise dans un ouvrage de référence, les travaux de recherches mené par le laboratoire MAP (Modèles et simulations pour l'architecture et le patrimoine) depuis plus de vingt ans sur le thème de la photomodélisation architecturale.

Pour ce qui concerne les bibliothèques d'objets, Quattrini et Baleani (2015) proposent une décomposition sémantique des éléments en s'appuyant sur un cas d'étude de monument historique, la villa Thiene, à Cicogna. Le résultat de cette décomposition est présenté à la figure suivante ; sont représentées : la maquette numérique décomposée en objets, l'arborescence sémantique et des illustrations graphiques d'objets de la maquette.

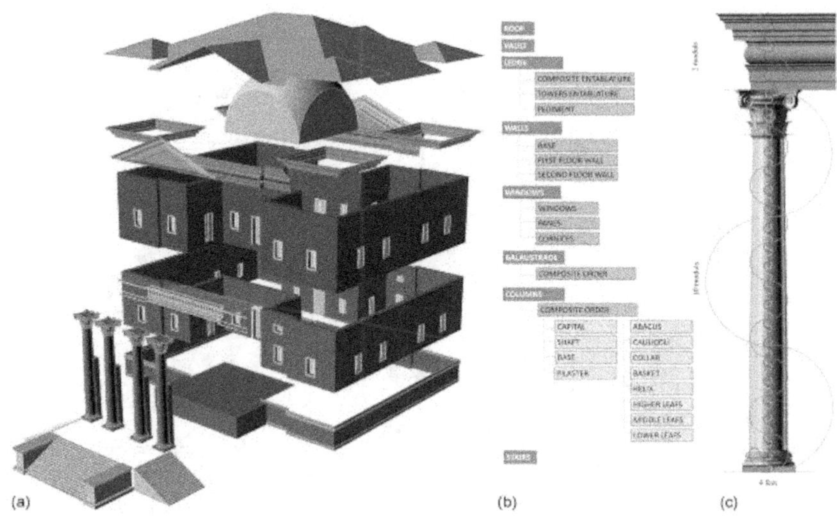

Figure 3. Exemple de décomposition sémantique d'un monument historique (Quattrini et Baleani, 2015)

Acierno, Cursi, *et al.* (2016) ont développé une ontologie pour l'aide à la préservation des monuments historiques. Le principe du modèle développé est détaillé dans les deux figures suivantes.

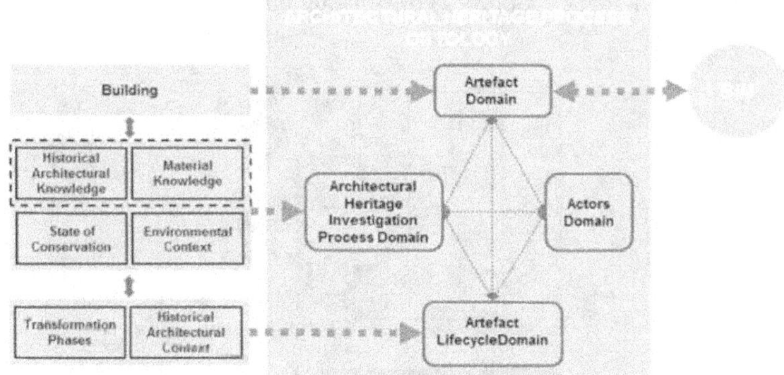

Figure 4. Modèle d'ontologie pour les monuments historiques (Acierno *et al.*, 2016)

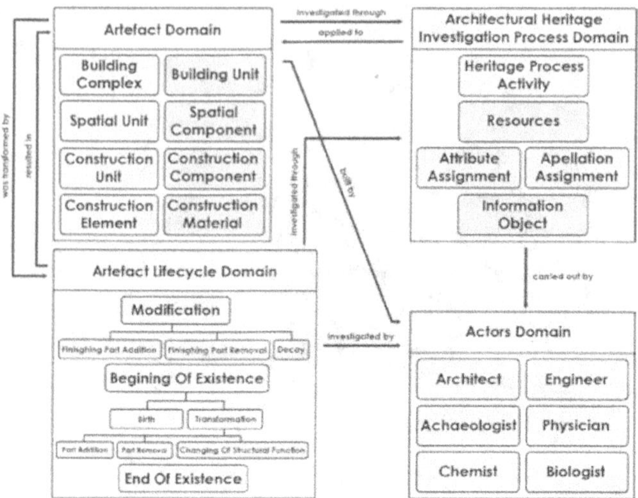

Figure 5. Détails d'une ontologie pour les monuments historiques (Acierno *et al.*, 2016)

Pour ce qui concerne la maintenance des monuments historiques, Biagini, Capone, *et al.* (2016) ont développé des fiches, utilisant les informations contenues dans une maquette numérique, en considérant différents niveaux de détail afin d'aider à l'entretien des monuments historiques. Un exemple de fiche est présenté à la figure suivante. Ces plans et coupes réalisés selon différents niveaux de détail peuvent alimenter les demandes d'aide au financement de travaux de maintenance auprès des organismes publics.

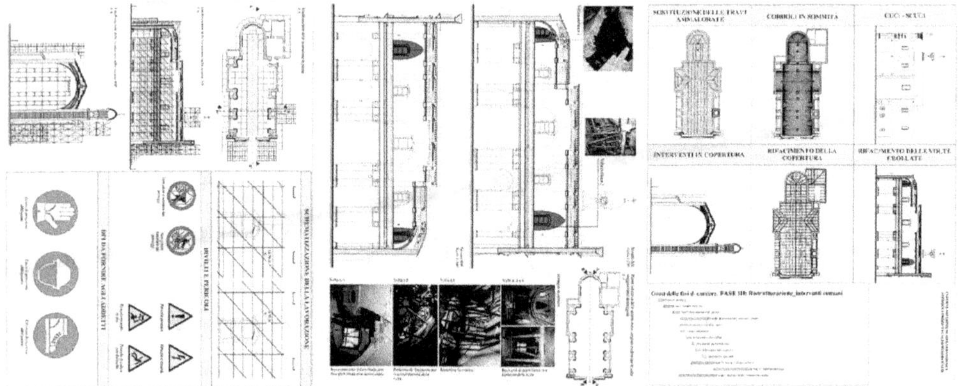

Figure 6. Exemple de fiche pour la maintenance des monuments historiques (Biagini et al., 2016)

Krodeir, Aly, et Tarek (2016) proposent également une démarche s'appuyant sur le BIM pour la préservation des monuments historiques.

1.2. État de l'art de l'analyse de risques utilisant le BIM

Zou, Kiviniemi, et Jones (2015) proposent une revue des méthodes d'analyse de risques utilisant le BIM. Elle est synthétisée dans le tableau suivant.

Tableau 3. Méthodes d'analyse de risques utilisant le BIM (Zou *et al.*, 2015)

Functionality	Benefits for risk management	Research	Practice
3D visualisation	Facilitating early risk identification and risk communication	Hartmann et al. (2008)	Liu et al. (2014), Shim et al. (2012)
Clash detection	Automation of detecting physical conflicts in model	Hartmann et al. (2008), Tang et al. (2011)	Chiu et al. (2011), Liu et al. (2014)
4D construction scheduling/planning	Facilitating early risk identification and risk communication; improving construction management level	Hardin (2011), Hartmann et al. (2008), Whyte (2002)	Chiu et al. (2011), Liu et al. (2014)
5D cost estimation or cash flow modelling	Planning, controlling and managing budget and cost reasonably	Hardin (2011), Hartmann et al. (2008), Marzouk and Hisham (2014), Whyte (2002)	Motawa and Almarshad (2013)
Construction progress tracking	Improving management level for quality, safety, time, and budget	Bhatla et al. (2012), Eastman et al. (2011)	–
Safety management	Reducing personnel safety hazards	Teizer (2008), Whyte (2002)	–
Space management	Improving the consideration of space distribution and management in design	Hartmann et al. (2008), Kim et al. (2012)	–
Quality control	Improving construction quality	Chen and Luo (2014)	–
Structural analysis	Improving structural safety	Lee et al. (2012b), Sacks and Barak (2008), Shim et al. (2012)	Lue et al. (2014)
Risk scenario planning	Reducing personnel safety hazards	Azhar (2011), Hardin (2011)	Hartmann et al. (2012)
Operation and maintenance (Q&M), facility management (FM)	Improving management level and reducing risks	Becerik-Gerber et al. (2011), Volk et al. (2014)	–
Interoperability	Reducing information loss of data exchange	Ji et al. (2013), Laakso and Kiviniemi (2012)	–
Collaboration and communication facilitation	Facilitating early risk identification and risk communication	Dossick and Neff (2011), Grilo and Jardim-Goncalves (2010), Porwal and Hewage (2013)	–
Urban planning and design	Integrating planning and design of urban space and AEC projects; facilitating land-use planning, design and management	Kim et al. (2011), Lee et al. (2012a), Rajabifard et al. (2012)	Lee et al. (2012a)

Les références bibliographiques listées dans ce tableau sont :

- AZHAR, S. Building Information Modeling (BIM) : Trends, Benefits, Risks, and Challenges for the AEC Industry. *Leadership and Management in Engineering*. 2011, vol. 11, n° 3, p. 241-252.
- BECERIK-GERBER, B., JAZIZADEH, F., LI, N., CALIS, G. Application Areas and Data Requirements for BIM-Enabled Facilities Management. *Journal of Construction Engineering and Management*. 2012, vol. 138, n° 3, p. 431-442.
- BHATLA, A., CHOE, S.Y., FIERRO, O., LEITE, F. Evaluation of Accuracy of As-Built 3D Modeling from Photos Taken by Handheld Digital Cameras. *Automation in Construction*. 2012, vol. 28, p. 116-127.
- CHEN, L., LUO, H., 2014. A BIM-Based Construction Quality Management Model and Its Applications. *Automation in Construction*. 2014, vol. 46, p. 64-73.
- CHIU, C.-T., HSU, T.-H., WANG, M.-T., CHIU, H.-Y. Simulation for Steel Bridge Erection by Using BIM Tools. In : *Proceedings of the 28th International Symposium on Automation and Robotics in Construction, ISARC 2011, Seoul, Republic of Korea*. 2011, p. 560-563.
- DOSSICK, C. S., NEFF, G. Messy Talk and Clean Technology : Communication, Problem-Solving and Collaboration Using Building Information Modeling. *Engineering Project Organization Journal*. 2011, vol. 1, p. 83-93.
- EASTMAN, C., TEICHOLZ, P., SACKS, R., LISTON, K. *BIM Handbook : A Guide to Building Information Modeling for Owners, Managers, Designers, Engineers and Contractors*. USA : John Wiley & Sons, 2011.
- GRILO, A., JARDIM-GONCALVES, R. Value Proposition on Interoperability of BIM and Collaborative Working Environments. *Automation in Construction*. 2010, vol. 19, p. 522-530.
- HARDIN, B. *BIM and Construction Management: Proven Tools, Methods, and Workflows*. USA, IN : John Wiley & Sons, 2011.
- HARTMANN, T., GAO, J., FISCHER, M. Areas of Application For 3D and 4D Models on Construction Projects. *Journal of Construction Engineering and Management*. 2008, vol. 134, n° 10, p. 776-785.

- JI, Y., BORRMANN, A., BEETZ, J., OBERGRIESSER, M. Exchange of Parametric Bridge Models Using a Neutral Data Format. *Journal of Computing in Civil Engineering*. 2013, vol. 27, p. 593-606.

- KIM, T. W., KAVOUSIAN, A., FISCHER, M., RAJAGOPAL, R. Improving Facility Performance Prediction by Formalizing an Activity-Space-Performance Model. CIFE Technical Paper. 2012, n° 210.

- LAAKSO, M., KIVINIEMI, A. The IFC Standard – A Review of History, Development, and Standardization. *Journal of Information in Technology in Construction*. 2012, vol. 17, p. 134-161.

- LEE, G., PARK, H. K., WON, J. D3 City Project – Economic Impact of BIM-Assisted Design Validation. *Automation in Construction*. 2012a, vol. 22, p. 577-586.

- LEE, S.-I., BAE, J.-S., CHO, Y. S. Efficiency Analysis of Set-Based Design with Structural Building Information Modeling (S-BIM) on High-Rise Building Structures. *Automation in Construction*. 2012b, vol. 23, p. 20-32.

- LIU, W. P., GUO, H. L., LI, H., LI, Y. Using BIM To Improve the Design and Construction of Bridge Projects: A Case Study of a Long-Span Steel-Box Arch Bridge Project. *International Journal of Advanced Robotics Systems*. 2014, vol. 11, n° 125.

- MARZOUK, M., HISHAM, M. Implementing Earned Value Management Using Bridge Information Modeling. *KSCE Journal of Civil Engineering*. 2014, vol. 18, p. 1302-1313.

- MOTAWA, I., ALMARSHAD, A. A Knowledge-Based BIM System for Building Maintenance. *Automation in Construction*. 2013, vol. 29, p. 173-182.

- PORWAL, A., HEWAGE, K. N. Building Information Modeling (BIM) Partnering Framework for Public Construction Projects. *Automation in Construction*. 2013, vol. 31, p. 204-214.

- RAJABIFARD, A., WILLIAMSON, I., KALANTARI, M., 2012. A National Infrastructure for Managing Land Information : Research Snapshot. *Minerva Access*. The University of Melbourne : 2012.

- SACKS, R., BARAK, R. Impact of Three-Dimensional Parametric Modeling of Buildings on Productivity in Structural Engineering Practice. *Automation in Construction*. 2008, vol. 17, p. 439-449.

- SHIM, C.-S., LEE, K.-M., KANG, L. S., HWANG, J., KIM, Y. Three-Dimensional Information Model-Based Bridge Engineering in Korea. *Structural Engineering International*. 2012, vol. 22, n° 1, p. 8-13.

- TANG, P., ANIL, E., AKINCI, B., HUBER, D. Efficient and Effective Quality Assessment of As-Is Building Information Models and 3D Laser-Scanned Data. In : *Computing in Civil Engineering*. Proceedings of the ASCE International Workshop on Computing in Civil Engineering, 19-22 June 2011, Miami, USA. 2011, p. 486-493.

- TEIZER, J. 3D Range Imaging Camera Sensing for Active Safety in Construction. *Journal of Information Technology in Construction*. 2008, vol. 13, p. 103-117.

- VOLK, R., STENGEL, J., SCHULTMANN, F., 2014. Building Information Modeling (BIM) for Existing Buildings – Literature Review and Future Needs. *Automation in Construction*. 2014, vol. 38, p. 109-127.

- WHYTE, J. *Virtual Reality and the Built Environment*. Oxford, UK : Architectural Press, 2002.

Une autre utilisation du BIM vis-à-vis des risques consiste à identifier les phases de construction susceptibles de provoquer des accidents.

Zhang, Teizer, *et al.* (2013) définissent un ensemble de règles pour vérifier la présence d'éléments de sécurité lors des différentes phases de construction. Cet article vise à analyser l'efficacité du BIM dans cette démarche en comparant une analyse de risques menée manuellement et une analyse de risques réalisée en utilisant le BIM avec les règles de vérification de la sécurité intégrées. Leur article détaille l'implantation de ces règles de sécurité dans un modèle BIM. Le principe de la méthode développée est présenté à la figure suivante.

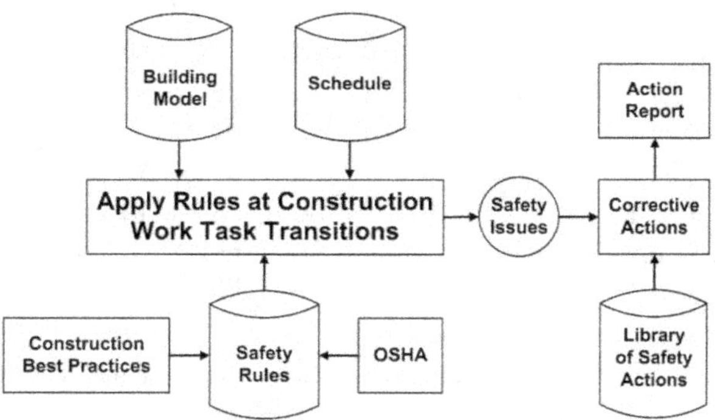

Figure 7. Méthode pour l'implantation des règles de sécurité dans un modèle BIM (Zhang *et al.*, 2013)

1.3.   État de l'art des méthodes de maintenance basée sur le BIM

Ghaffarian Hoseini, Zhanga, *et al.* (2017) proposent une méthode d'analyse énergétique des bâtiments existants en s'appuyant sur le BIM. Dans cette optique, il propose une revue de l'ensemble des approches utilisant le BIM permettant la vérification des bâtiments. Cette revue est synthétisée dans le tableau suivant.

Tableau 4. Approches utilisant le BIM pour la vérification des bâtiments (Ghaffarian Hoseini *et al.*, 2017)

Aspect	Achievement	Approach	Limitation	Reference
Scanning	Automate the process of as-built 3D laser scanned data	Scan-to-BIM Scan-vs-BIM	Need to be confirmed with more complex scenarios	[8]
Quality Inspection	Dimensional and surface quality assessment of precast concrete elements	3D laser scanning BIM	Limited to the single type of element, single type of scanner, the measurement noise of the sensor	[38]
As-built 3D reconstruction	Automate the process of as-built 3D reconstruction of civil infrastructure	Computer vision-based algorithms	Occlusion, accessibility, visibility, missing data, moving objects, harsh jobsite conditions, camera calibration	[39]
Structural Simulation	Convert a historic BIM into a finite element model for structural simulation	Cloud-to-BIM-to-FEM	Can be used only for modern and regular buildings with predefined object libraries	[40]
Monitoring	Monitor the environmental impacts of construction in VR	Green BIM	The lack of computer tools and the complications of the BIM models	[41]
Building energy visualization system	Visualize the process of low energy building design	BIM-GIS Web-based Visualization System	Limited in user access control and the difference in standards and data description, data format conversion	[42]
Low-carbon building (LCB) measures assessment	Select LCB measures	PROMETHEE Fuzzy LCB measures BIM	N/A	[38]
Facility Management	Improve building management and performance	7D BIM RFID	N/A	[29]
LEED certification	Integrate BIM with LEED system	BIM LEED system	This method is limited in the LEED instead of the general framework of sustainability	[43]

Les références bibliographiques listées dans ce tableau sont :

- [8] BOSCHÉ, F., AHMED, M., TURKAN, Y., HAAS, C. T., HAAS, R. The Value of Integrating Scan-to-BIM and Scan-vs-BIM Techniques for Construction Monitoring Using Laser Scanning and BIM : the Case of Cylindrical MEP Components. *Automation in Construction.* 2015, vol. 49, p. 201-213.

- [29] MCARTHUR, J. J. A Building Information Management (BIM) Framework and Supporting Case Study for Existing Building Operations, Maintenance and Sustainability. *Procedia Engineering.* 2015, vol. 118, p. 11041111.

- [38] KIM, M.-K., CHENG, J. C. P., SOHN, H., CHANG, C.-C. A Framework for Dimensional and Surface Quality Assessment of Precast Concrete Elements Using BIM and 3D Laser Scanning. *Automation in Construction.* 2015, vol. 49, p. 225-238.

- [39] FATHI, H., DAI, F., LOURAKIS, M. Automated As-Built 3D Reconstruction of Civil Infrastructure Using Computer Vision : Achievements, Opportunities, and Challenges. Advanced Engineering Informatics. 2015, vol. 29, p. 149-161.

- [40] BARAZZETTI, L., BANFI, F., BRUMANA, R., GUSMEROLI, G., PREVITALI, M., SCHIANTARELLI, G. Cloud-to-BIM-to-FEM: Structural Simulation with Accurate Historic BIM from Laser Scans. *Simulation Modelling Practice Theory.* 2015, vol. 57, p. 71-87.

- [41] WONG, J. K. W., ZHOU, J. Enhancing Environmental Sustainability Over Building Life Cycles Through Green BIM: A Review. *Automation in Construction.* 2015, vol. 57, p. 156-165.

- [42] NIU, S., PAN, W., ZHAO, Y. A BIM-GIS Integrated Web-Based Visualization System for Low Energy Building Design. *Procedia Engineering.* 2015, vol. 121, p. 2184-2192.

- [43] JALAEI, F., JRADE, A. Integrating Building Information Modeling (BIM) and LEED System at the Conceptual Design Stage of Sustainable Buildings. *Sustainable Cities and Society.* 2015, vol. 18, p. 95–107.

Chardon, Brangeon, *et al.* (2016) proposent également une démarche d'évaluation énergétique des bâtiments, mais à destination des maisons individuelles.

Motawa et Almarshad (2013) proposent d'associer une base de connaissance des maintenances réalisées sur un ensemble d'étude de cas pour, via le BIM, proposer des approches de maintenances appropriées lorsque des pathologies semblables apparaissent sur le bâtiment en cours d'étude. La structuration de l'approche proposée est détaillée à la figure suivante.

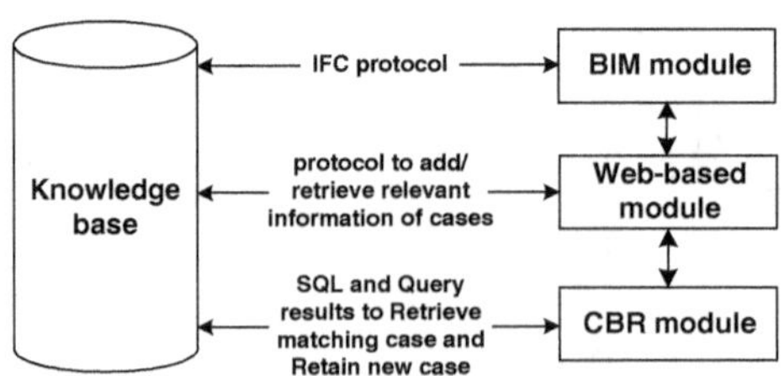

Figure 8. Approche pour la maintenance des bâtiments basée sur la consultation d'une base de cas (Motawa et Almarshad, 2013)

Le principe du module BIM développé est présenté à la figure suivante.

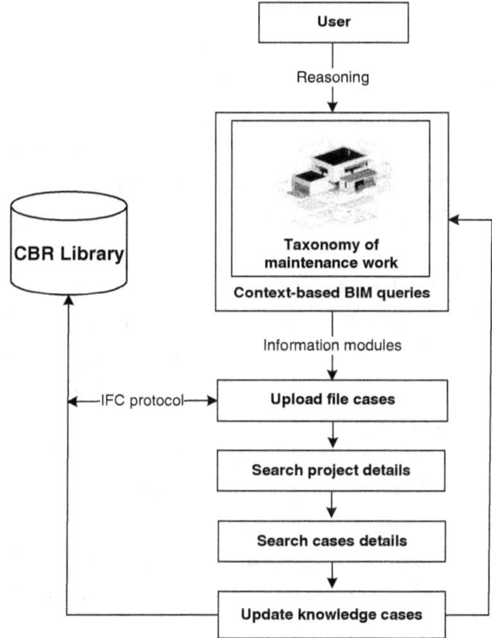

Figure 9. Module BIM pour la maintenance des bâtiments basée sur la consultation d'une base de cas
(Motawa et Almarshad, 2013)

2. HBIM développé dans le contexte du projet HeritageCare

Cette section est consacrée à la présentation du contexte et des objectifs du projet, aux différents niveaux de gestion envisagés ainsi qu'au principe du HBIM qui sera développé.

2.1. Contexte et objectifs du projet HeritageCare

Le projet HeritageCare est un projet Interreg Sudoe regroupant des partenaires portugais (Université de Minho, Direction régionale de la culture du Nord, Centre de calcul graphique), espagnol (Université de Salamanque, Fondation Santa María La Real, Institut andalou du patrimoine historique) et français (Université Clermont Auvergne et Université de Limoges). Ces consortiums nationaux viennent renforcer ces partenaires institutionnels. Le consortium français regroupe :

- L'Atelier d'Architecture Panthéon (cabinet d'architecte),
- Louis Geneste (entreprise de réhabilitation des monuments historiques),
- Pascal Parmentier (architecte du patrimoine),
- École nationale supérieure d'architecture de Clermont-Ferrand,

- La région Auvergne-Rhône-Alpes (représentants des gestionnaires),
- Le service d'inventaire du Limousin,
- La DRAC.

Ce projet a démarré en juillet 2016 pour une durée de trois ans et a l'objectif de rendre pérenne l'entité à but non lucratif créé dans ce cadre.

Le projet HeritageCare a vu le jour suite à deux constats. Le premier constat est l'absence d'un système approprié de gestion du patrimoine, qui tient compte de la surveillance, de l'inspection et de la maintenance préventive. Le deuxième constat associé est le besoin de développement d'un système de conservation préventive des bâtiments historiques, y compris les bâtiments non classés.

L'objectif de ce projet est de mettre en place une entité à but non lucratif pour :
- sensibiliser les propriétaires de bâtiments ayant une valeur historique et culturelle pour effectuer les inspections et les procédures de maintenance préventive ;
- développer et appliquer les technologies d'inspection nouvelles et avancées, pour le diagnostic et la gestion de la préservation du patrimoine bâti ;
- impliquer la société, la communauté scientifique et technique, les institutions publiques et le secteur de la conservation dans une logique plus efficace et durable pour la protection du patrimoine historique et culturel.

Ce projet, pour la partie française, s'intéresse au patrimoine mobilier et immobilier des monuments historiques classés et inventoriés des régions de l'espace Sudoe : Auvergne-Rhône-Alpes, Nouvelle-Aquitaine et Occitanie.

2.2.   Niveaux de gestion

Trois niveaux de gestion sont envisagés dans le cadre de ce projet, auxquels sont associées différentes technicités de diagnostic (visuel, auscultation destructive et non destructive…) et un niveau de détail et d'informations plus ou moins important. Ces trois niveaux sont schématisés à la figure suivante.

Dans le cadre de ce projet, il est prévu de diagnostiquer 60 monuments historiques (20 dans chaque pays). Le diagnostic de niveau I sera réalisé sur 20 monuments. Sur ces 20 monuments, 5 seront diagnostiqués au niveau II et 1 sera étudié au niveau III (réalisation d'un HBIM).

Le premier niveau de gestion correspond à la réalisation d'une inspection approfondie (essentiellement visuelle) selon un protocole qui sera défini dans le cadre du projet. Ces inspections seront réalisées régulièrement (avec une périodicité d'un à trois ans). Les résultats de ce premier niveau de gestion seront un rapport sur l'état de conservation des éléments mobiliers et immobiliers des bâtiments ainsi que des recommandations vis-à-vis des interventions urgentes ou à prévoir à court/moyen termes.

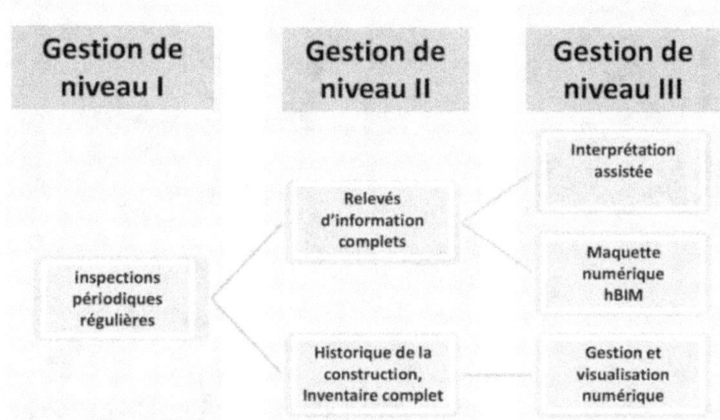

Figure 10. Trois niveaux de gestion envisagés dans le cadre du projet HeritageCare

La figure suivante illustre les inspections telles qu'elles pourraient être menées : essentiellement des inspections visuelles nécessitant un équipement spécifique pour accéder aux plus près aux éléments à observer.

Figure 11. Illustration des inspections de niveau de gestion I

Le deuxième niveau de gestion permet d'aboutir à :

- un relevé géométrique complet du dispositif de photogrammétrie (ou laser 3D) utilisant les unités robotiques ou des drones (terrestres et aériens). Ce type de résultat est illustré à la figure 13 : les différentes étapes – prises de mesure et assemblage – d'une photogrammétrie sont détaillées ;
- une collecte et intégration d'informations des investigations de niveau I et des inspections supplémentaires complètes (capteurs de position, rapports techniques, conservation préventive) ;
- une classification de l'inventaire du patrimoine mobilier, telle qu'illustrée à la figure 12.

Figure 12. Illustration de la classification du patrimoine mobilier de niveau de gestion II

Figure 13. Illustration du résultat d'un relevé géométrique de niveau de gestion II

Le troisième niveau de gestion consiste à utiliser un modèle hBIM qui comprendra l'ensemble des informations :

- de géométrie ;
- de matériaux ;
- d'état de conservation ;
- d'intégration des informations des niveaux de gestion I et II ;
- de systèmes de surveillance structurale et non structurale ;
- de plan de conservation/maintenance : tâches préventives (types et quantités) ;
- de gestion financière.

La figure suivante illustre le type de résultat qu'il serait possible d'obtenir à l'issue d'un niveau de gestion de niveau III. Le HBIM développé permettra de localiser les différents monuments historiques sur un territoire, de proposer des analyses (thermiques, structurales…), de localiser les résultats de diagnostic des niveaux I et II, de représenter le phasage des travaux à réaliser…

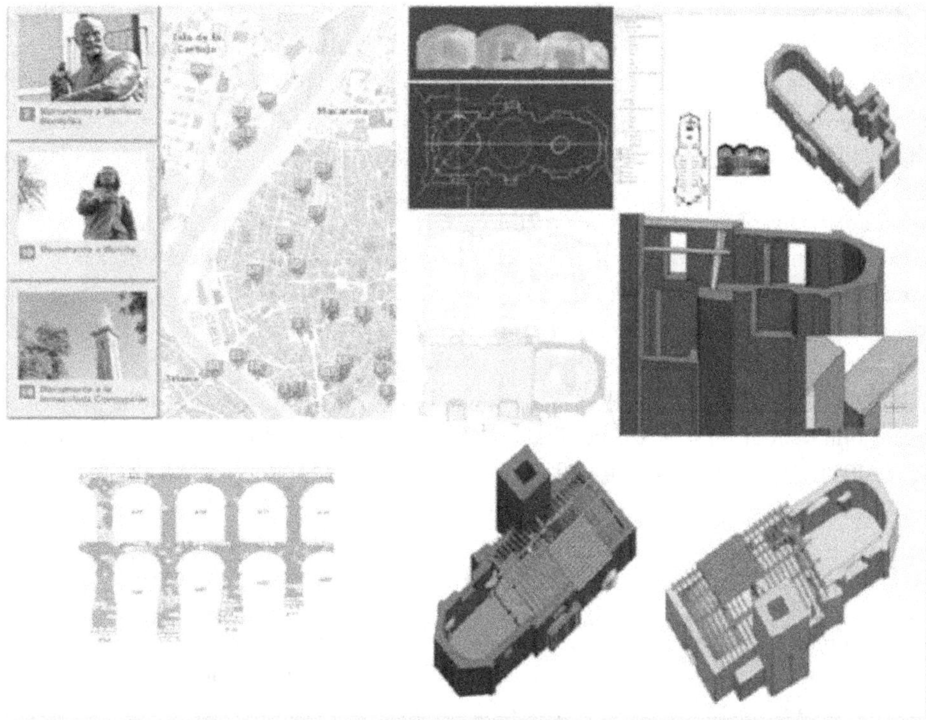

Figure 14. Illustration d'un modèle HBIM de niveau de gestion III

2.3.   HBIM du projet HeritageCare

Dans le cadre du projet HeritageCare, le HBIM développé aura trois fonctions :
- le suivi opérationnel des diagnostics et des travaux de maintenance ;
- un stockage des informations ;
- un moyen de communication.

La création de maquettes numériques HBIM nécessite le développement d'une bibliothèque d'objets spécifiques pour les monuments historiques. La structuration de cette bibliothèque d'objet peut être basée sur le thesaurus de la dénomination des œuvres architecturales et des espaces aménagés d'une part et sur le thesaurus de la dénomination des objets mobiliers d'autre part. Les propriétés associées à ces objets historiques seront : leurs dimensions, leur forme, leur matériau, leur date de construction, les agents environnementaux sollicitant, les actions possibles sur les autres objets et dans la mesure du possible la cinétique de dégradation des phénomènes affectant ces objets.

L'analyse par laser 3D et photogrammétrie, menée au niveau du diagnostic de niveau II, permettra d'obtenir le nuage de points pour l'élaboration d'une maquette numérique et la représentation graphique utilise à la communication pour la promotion de ce monument.

Les maquettes numériques des monuments diagnostiqués seraient le support du suivi opérationnel des diagnostics dans la mesure où elles permettraient :
- de connaître l'état du monument à travers les résultats des diagnostics de niveau II,

- de connaître le vieillissement du monument, c'est-à-dire connaître les dates d'apparition des phénomènes de dégradation et ainsi prévoir les travaux de maintenance à programmer,
- d'aider à la programmation des travaux (via les métrés, les prix…).

Le stockage d'information consiste à regrouper sous forme d'une base de données rattachée à la maquette numérique, toutes les informations utiles et relatives à un monument diagnostiqué :

- documents historiques sur la construction ;
- textes réglementaires pour la surveillance et la réalisation de travaux de maintenance ;
- manuel d'entretien et de surveillance du monument ;
- méthodes de réalisation des travaux de maintenance ;
- rapports de diagnostic réalisés…

La modélisation 3D graphique d'un monument historique permet d'accroître la promotion de ce monument et de rendre accessible au grand public des endroits inaccessibles puisque trop vulnérables (crypte, par exemple).

Conclusion

Cette communication après avoir présenté l'état de l'art relatif à la préservation des monuments historiques basée sur le BIM (Heritage BIM, analyse des risques et maintenance) a détaillé le contexte, les niveaux de gestion et les développements envisagés concernant le HBIM du projet HeritageCare.

Remerciements

Ces travaux de recherche ont bénéficié du soutien financier du projet Interreg Sudoe HeritageCare.

Références bibliographiques

ACIERNO, M., CURSI, S., SIMEONE, D., FIORANI D., Architectural Heritage Knowledge Modeling: An Ontology-Based Framework for Conservation Process. *Journal of Cultural Heritage*. 2016.

BAIK, A. From Point Cloud to Jeddah Heritage BIM Nasif Historical House – case study. *Digital Applications in Archaeology and Cultural Heritage*. 2017.

BHATLA, A., CHOE, S. Y., FIERRO, O., LEITE, F. Evaluation of Accuracy of As-Built 3D Modeling from Photos Taken by Handheld Digital Cameras. *Automation in Construction*. 2012, vol. 28, p. 116-127.

BIAGINI, C., CAPONE, P., DONATO, V., FACCHINI, N. Towards the BIM Implementation for Historical Building Restoration Sites. *Automation in Construction*. 2016, vol. 71, p. 74-86.

CHARDON, S., BRANGEON, B., BOZONNET, E., INARD, C. Construction Cost and Energy Performance of Single Family Houses: From Integrated Design to Automated Optimization. *Automation in Construction*. 2016, vol. 70, p. 1-13.

CHOAY, F. *L'Allégorie du patrimoine*. Paris : Le Moniteur, 1996.

CHOAY, F. *Le Patrimoine en questions : anthologie pour un combat*, Paris : Seuil, 2009.

DE LUCA, L., *La Photomodélisation architecturale : relevé, modélisation et représentation d'édifices à partir de photographies*. Paris : Eyrolles, 2009.

GHAFFARIANHOSEINIA, A., ZHANGA, T., NWADIGOA, O., GHAFFARIANHOSEINIB, A., NAISMITHA, N., TOOKEYA, J., RAAHEMIFARB, K. Application of nD BIM Integrated Knowledge-based Building Management System (BIM-IKBMS) for Inspecting Post-Construction Energy Efficiency. *Renewable and Sustainable Energy Reviews*. 2017, vol. 72, p. 935-949.

KHODEIR, L. M., ALY, D., TAREK, S. Integrating HBIM (Heritage Building Information Modeling) Tools in the Application of Sustainable Retrofitting of Heritage Buildings in Egypt. *Procedia Environmental Sciences*. 2016, vol. 34, p. 258-270.

MOTAWA, I., ALMARSHAD, A. A Knowledge-based BIM System for Building Maintenance. *Automation in construction*. 2013, vol. 29, p. 173-182.

QUATTRINI, R., BALEANI, E. Theoretical Background and Historical Analysis for 3D Reconstruction Model. Villa Thiene at Cicogna. *Journal of Cultural Heritage*. 2015, vol. 16, p. 119-125.

RUA, H., GIL, A. Automation in Heritage – Parametric and Associative Design Strategies to Model Inaccessible Monuments: The Case-Study of Eighteenth-Century Lisbon Águas Livres Aqueduct. *Digital Applications in Archaeology and Cultural Heritage*. 2014, vol. 1, p. 82-91.

THIBAULT, J.-P., *Petit Traité des grands sites*. Paris : Le Moniteur, 2009.

ZHANG, S., SULANKIVI, K., KIVINIEMI, M., ROMO, I., EASTMAN, C. M., TEIZER, J. BIM-Based Fall Hazard Identification and Prevention in Construction Safety Planning. *Safety Science*. 2015, vol. 72, p. 31-45.

ZHANG, S., TEIZER, J., LEE, J. K., EASTMAN, C. M., VENUGOPAL, M. Building Information Modeling (BIM) and Safety: Automatic Safety Checking of Construction Models and Schedules. *Automation in Construction*. 2013, vol. 29, p. 183-195.

ZOU, Y., KIVINIEMI, A., JONES, S. W. A Review of Risk Management Through BIM and BIM-Related Technologies. *Safety Science*. 2015.

Sciences sociales et pédagogie

La coopération : processus fondamentaux et implications, pour le travail collaboratif dans une démarche BIM

Régine TEULIER

I3 - CRG École polytechnique – UMR 9217

e-mail : regine.teulier@polytechnique.edu

Abstract

Cooperation is a fundamental process of cognitive and social activity and practices that are built in teamwork. It is strongly related to the BIM. BIM is built on the massive nature of cooperation and simulation, that deeply transforms human activity in its deployment. From this point of view, this paper looks at the fundamental processes of cooperation and on concepts derived from both scientific work and industrial experiences in other sectors. The proposal focuses on several concepts that inform the basic processes to which BIM designers and users will be confronted in the implementation and deployment of the BIM. This paper is based on a prospective perspective, and proposes objectives for a multidisciplinary research around the BIM by proposing four focuses: ontologies, intermediary objects, cooperative practices and mutual understanding.

Key words

Cooperation, intermediary objects, problem solving, annotations, mutual understanding.

Résumé

La coopération est un processus fondamental de l'activité cognitive et de l'activité sociale ainsi que des pratiques qui se construisent dans le travail en équipe. Elle concerne fortement le BIM. Car celui-ci est construit sur le caractère massif de la coopération et transforme profondément l'activité humaine autour de son déploiement. À partir de ce constat, ce papier revient sur les processus fondamentaux de la coopération et sur des concepts issus à la fois de travaux scientifiques et des expériences industrielles dans d'autres secteurs. La proposition consiste à mettre en avant plusieurs concepts éclairant des processus fondamentaux auxquels les concepteurs et utilisateurs du BIM seront confrontés dans la mise en œuvre et le déploiement du BIM. Ce papier se situe d'un point de vue prospectif, et propose des objectifs pour une recherche pluridisciplinaire autour du BIM en proposant quatre focus : les ontologies, les objets intermédiaires, les pratiques coopératives et la compréhension mutuelle.

Mots-clés

Coopération, objets intermédiaires, résolution de problème, annotations, compréhension mutuelle.

Introduction

Ce papier se situe d'un point de vue prospectif et se base sur des travaux et des acquis conceptuels sur la coopération en univers de travail informatisé. La coopération est un processus fondamental de l'activité cognitive et sociale et des pratiques qui se construisent dans les équipes autour du BIM. Les processus cognitifs et les processus d'échange et de fonctionnement des groupes sont constitutifs de ce que plusieurs courants de recherche nomment la coopération. À partir de ce constat, ce papier revient sur les processus fondamentaux de la coopération et sur des concepts issus à la fois de nombreux travaux scientifiques et des expériences sur la conception collective dans d'autres secteurs industriels. La coopération est dirigée aussi par le fonctionnement organisationnel (comme les échanges par les routines) que nous n'aborderons pas ici, pas plus que les contextes de prise de décision, abordés par d'autres courants de recherche plutôt antérieurs et centrés sur les critères de la décision. La proposition consiste à isoler et à mettre l'accent sur quatre concepts auxquels les concepteurs et utilisateurs du BIM seront vraisemblablement confrontés dans le secteur de la construction. Elle consiste également à citer quelques balises pour aller vers des pratiques de coopération qui seront essentielles et massives dans la mise en œuvre et le déploiement du BIM. C'est le caractère massif de la coopération qui transforme profondément l'activité humaine autour du BIM (Teulier et Garel, 2016).

Cet article reprend certains apports des recherches sur la conception dans le génie mécanique, l'ingénierie des connaissances, la coopération, l'intelligence artificielle, l'ergonomie cognitive pour les situer dans une perspective de recherche pluridisciplinaire autour du BIM. Ces travaux peuvent sembler être « datés » parce qu'ils s'adressent à la conception d'outils informatiques, et que ceux-ci ne se conçoivent plus comme avant. Cependant, les processus cognitifs fondamentaux demeurent, ce sont toujours ceux qui sont à l'œuvre dans les raisonnements humains, ceux qui font se construire les pratiques chez les utilisateurs des plateformes et des outils logiciels coopératifs, et ceux aussi que vont rencontrer les équipes et les managers dans leur activité organisationnelle.

1. Le BIM dans le contexte de l'évolution des technologies informatiques

Cet article a donc pour objectif de convaincre des chercheurs qui s'intéressent aux processus de coopération autour du BIM – chercheurs en gestion, mais aussi plus largement en sciences humaines et sociales – d'avoir la curiosité de regarder autour de ces acquis et de profiter notamment des travaux qui ont été faits autour de la conception en génie mécanique. Conception s'entend ici comme processus cognitif, pas uniquement l'activité de ceux qui sont « labellisés » bureau des innovations ou d'ingénierie dans les entreprises. Il y a des parts de travail de conception dans l'organisation et la gestion du chantier ou du projet. Ces processus cognitifs, traités notamment par l'intelligence artificielle (IA) sont à intégrer dans une démarche de conception des outils informatiques, qui concerne les éditeurs du BIM, mais aussi les spécialistes du BTP comme utilisateurs et prescripteurs de ces outils. L'expérience du génie mécanique est illustrative de cette démarche.

Jusqu'ici dans l'histoire du BIM, il est largement accepté que le développement des logiciels se soit fait sur une trajectoire CAO puis CSCW (y compris dans leur composante web). Dans l'évolution des thématiques et des disciplines, ces courants restent relativement séparés des autres. Les emprunts et les « migrations » de concepts, de méthodes ou d'acquis scientifiques se font souvent tardivement. La CAO et les SIG sont restés relativement à part. Les acquis des bases de données objet, et de la modélisation objet et modélisation des processus ont été assez tardifs. Ils restent peu concernés par les apports de l'IA et à travers elle, de la psychologie cognitive ou même l'aide à la décision (SIAD) et la décision de groupe (GDSS).

De façon générale, sur plusieurs décennies, les développements de communautés scientifiques se rejoignent en partie et bénéficient des acquis et des avancées des autres communautés. Au fil des acquis scientifiques et de l'accumulation des travaux, les disciplines se repositionnent les unes par rapport aux autres, intégrant des approches pluridisciplinaires, y compris celles des sciences humaines. Certaines disciplines comme la psychologie cognitive ou la sociologie ont été des composantes intégrales de l'IA ou du CSCW depuis leur origine. Au cœur du BIM, le génie civil et le génie urbain vont être aussi refondés et interpellés dans leur pratique par les outils informatiques du BIM et, plus largement, par la numérisation. Les apports et les recompositions se produisent de multiples façons. Élargir notre vision dès le départ en regardant les acquis obtenus dans d'autres disciplines peut être économe en ressources.

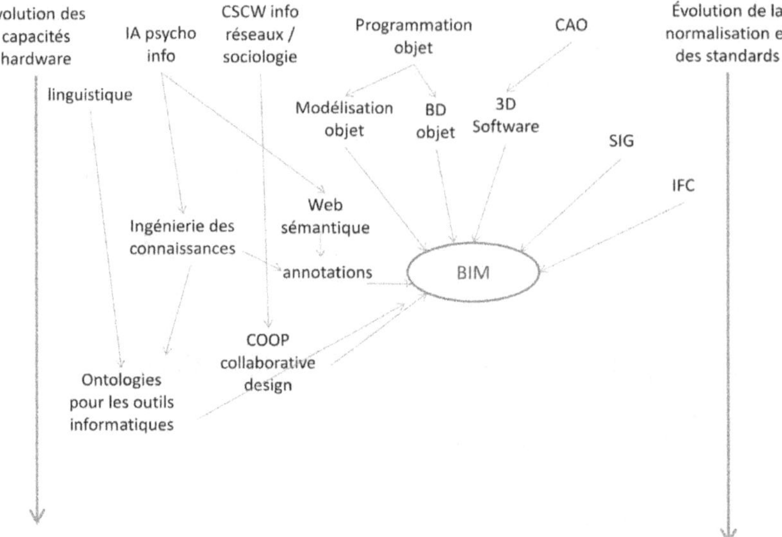

Figure 1. L'évolution des courants de recherche qui contribuent au BIM

La figure 1 ci-dessus illustre, de façon très schématique, les courants de recherche qui contribuent ou peuvent contribuer au BIM.

2.   Qu'est-ce que la coopération ?

La plupart des travaux ayant cherché à modéliser la coopération d'un point de vue cognitif, entre des personnes, des personnes et des machines se sont fondés sur la résolution de problème, c'est pourquoi nous commencerons par un retour sur cet apport cognitiviste.

2.1.   La résolution de problème

Une modélisation des méthodes de résolution de problème, en tant que processus cognitif, a été proposée par Newell et Simon (1972). Cette proposition vise à éclairer les modes de raisonnement humain. Le raisonnement est une réflexion consciente qui dure plus d'un dixième de seconde (contrairement à l'automatisme qui est inférieur au dixième de seconde ou au réflexe encore plus rapide) et qui vise à résoudre un problème. En cela, le sempiternel exemple du « savoir se tenir à bicyclette » ou « savoir éviter un rocher en canoë », repris par de nombreux auteurs comme Cook et Brown (1999) ou Suchman (1987) relève clairement de l'automatisme et non du raisonnement.

Les méthodes de résolution de problème ont été mises en évidence par de nombreuses des expérimentations de psychologie cognitive, leur généralisation, proposée par les auteurs précités a été contestée mais jamais invalidée. La modélisation des méthodes de résolution de problème, suivant Newell et Simon, obéit aux définitions et caractéristiques suivantes que nous pouvons résumer ci-dessous :

- Le problème posé s'inscrit toujours dans un **espace de problème**, qui comprend les différentes notions propres à l'univers du problème et qui vont devoir être manipulées dans les raisonnements permettant de résoudre le problème.
- Le problème connaît une **situation de départ** : les termes dans lesquels on pose le problème. Des contraintes sont posées et doivent être respectées tout au long de la résolution de problème, un objectif est posé.
- La résolution de problème va consister à faire évoluer le problème d'état intermédiaire en état intermédiaire jusqu'à un état final qui sera appelé « **la solution** », qui doit satisfaire les différentes contraintes et atteindre l'objectif qui était posé.

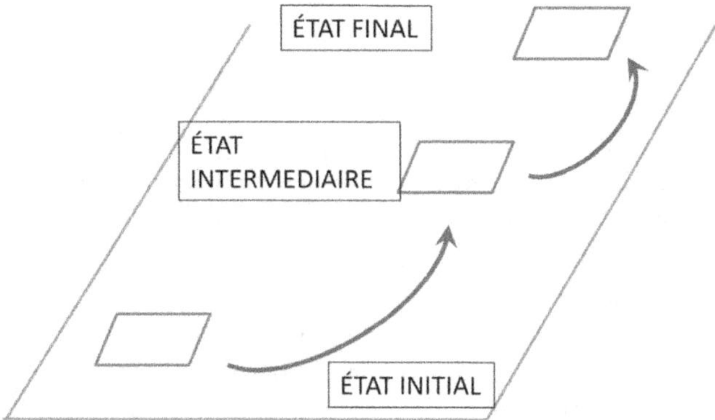

Figure 2. L'espace de problème

- La progression de l'état initial jusqu'à l'état final, en passant par les états intermédiaires se fait par les **opérateurs**. Les contraintes bornent les actions possibles. Le cheminement d'état intermédiaire en état intermédiaire se fait en atteignant des sous-buts reliés à des plans d'action.
- Les méthodes de résolution de problème sont donc des **procédures de sélection de séquences d'opérateurs**.
- La **solution** est donc constituée par **l'état assigné** + **les opérateurs** qui ont permis d'y parvenir.
- Newell et Simon font remarquer que résoudre un problème revient souvent à le **reformuler** plusieurs fois de façon différente et que la dernière formulation conduit facilement à la « solution ».
- Le schéma modélisant le raisonnement proposé par Newell et Simon, et devenu canonique, est donc le suivant. Il se modélise conceptuellement en trois processus cognitifs qui s'enchaînent : et se reproduisent et bouclent sur une phase de révision autant de fois que nécessaire : l'**intelligence**, la **conception**, le **choix**.

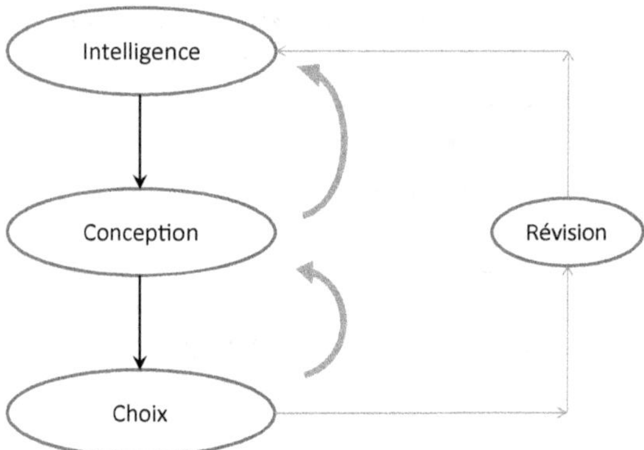

Figure 3. La résolution de problème en trois phases

- L'intelligence du problème posé, puis l'intelligence de la nouvelle situation avec les sous-buts qui ont été choisis, les opérateurs qui ont été sélectionnés. L'intelligence au sens de prise de connaissance, en inventoriant « comment le problème se pose. »
- La conception d'un premier cheminement pour aller vers une solution, puis de cheminement secondaires ou alternatifs. Conception, traduit de design. On pourrait dire, élaboration d'un élément de la solution. Imaginer une avancée vers la solution.
- Les choix à opérer à chaque étape jusqu'au choix final, de la solution stabilisée. Cette phase de choix, implique des évaluations, comparaisons, éliminations.
- Les problèmes de conception ont été considérés par Simon comme des problèmes « *ill-structured* », mal structurés, c'est-à-dire aussi moins bornés et offrant plus l'opportunité de plus d'inventivité dans la phase de conception.

Le processus de résolution de problème, utilise et produit des informations et des connaissances, qui sont de nature explicite ou implicite (Nonaka et Takeuchi, 1997). En effet, la description que donnent les agents de leur savoir-faire repose sur des schémas de méthodes de résolution de problème, mais on sait aussi que les perceptions sont organisées (Anderson, 1980), que l'expérience a produit des savoir-faire, des raccourcis cognitifs non conscientisés et qui viennent interférer et modifier les raisonnements. Aussi est-il difficile de séparer ce qui est connaissances implicites et connaissances explicites utilisées en situation par les acteurs.

La cognition située qui s'est construite, comme théorie, en grande partie en opposition à cette proposition de modélisation du raisonnement, base de la théorie cognitiviste (cf. le débat Cognition Science, 1990) reproche à cette vision de laisser de côté toute une partie de la cognition qui échappe au raisonnement mais est située, c'est-à-dire avant tout déterminée par la situation que vit l'acteur. La cognition située rajoute trois dimensions essentielles au raisonnement qu'on peut nommer activité cérébrale. La cognition du sujet est située parce que : 1) elle est située dans un corps qui participe largement non seulement à la perception mais à l'interprétation des perceptions ; 2) le sujet est un sujet social et une partie de sa cognition est incluse dans ses relations sociales ; 3) le sujet est immergé dans un monde physique et ce monde physique est à la fois support et participant de la cognition.

Tous les travaux de conception d'assistance informatique reposent sur cette théorie de la résolution de problème et fondent la modélisation conceptuelle de la coopération. Même si certaines théories comme la cognition située (Suchman, 1987) la relativise ou la complète comme la cognition distribuée (Hutchins, 1996).

2.2. La coopération

La dimension sociale « naturelle » de l'être humain de coopérer avec les autres, trouve dans l'activité des organisations, une forme d'existence particulière, organisée et généralement orientée vers une production de biens ou de services. On peut définir la coopération avec Robertson, Zachary et Black (1990) comme « une forme particulière d'interaction dans laquelle les agents coopérants partagent des buts et agissent de concert avec eux sur une certaine période de temps » ou encore comme une combinaison ou une distribution des possibilités d'interaction entre les buts de plusieurs agents, de telle façon que ceux-ci fonctionnent comme un système orienté par les buts.

Les buts sont essentiels dans les processus coopératifs : les buts partagés qui justifient la coopération, mais aussi les buts propres de chaque agent qui doivent être connus et pris en compte dans la stratégie des autres agents, ce qui peut même pallier par instants l'absence de buts partagés. Il est essentiel de communiquer pour informer de l'existence des buts propres et au sujet de la stratégie permettant d'atteindre ces buts. La coopération en ce sens peut être vue comme un processus de résolution de problème : des buts partagés ou des plans mutuels sont générés pour atteindre les buts propres à chaque agent. En revanche, le résultat n'est pas pertinent pour déclarer un processus coopératif ou non : l'échec ou la réussite n'implique pas que l'on a coopéré ou pas.

Qu'est-ce qui constitue un comportement coopératif ? On peut lister brièvement quelques points qui reprennent ceux proposés par Robertson, Zachary et Black pour commencer la réflexion :

- Les actes de communication à propos des buts sont critiques.
- La communication peut être implicite ou prédéfinie par les caractéristiques de la situation.
- Chaque agent doit se représenter lui-même et se représenter les buts des autres agents.
- Chaque agent doit incorporer dans son analyse de la situation les buts des autres.
- Des buts communs doivent être générés.
- Pour atteindre ces buts communs, des plans mutuels doivent être développés.
- Des accords mutuels sur ce qui devrait satisfaire les buts mutuels doivent être passés.
- Il n'est pas nécessaire que chaque agent atteigne ses buts pour que la situation soit coopérative.
- Atteindre des buts mutuels n'est pas nécessairement un résultat de la coopération.
- Les produits en termes de buts atteints ne sont pas pertinents pour qualifier les comportements en tant que comportements coopératifs.
- Les buts de convergence incluent la reformulation des buts parents et d'autres buts des agents peuvent permettre de faire un agencement qui atteint la satisfaction des agents.
- La reformulation est une composante du processus de négociation entre les agents.
- La coopération peut exister mais échouer, ce qui signifie que les agents, ou au moins l'un d'entre eux, peuvent rejeter le plan.

Les modes de coopération sont variés et on peut en déduire des types de communication différents entre les agents. Robertson, Zachary et Black proposent trois types de comportement coopératif : la coopération basée sur les requêtes, la coopération basée sur les inférences, la coopération basée sur la structure de la situation.

Qu'est-ce qu'une approche centrée sur la coopération change pour la conception d'assistances informatiques, mais aussi pour des méthodes de management dans un projet en démarche BIM ? On sera particulièrement attentif à :

- se centrer sur la communication à propos des buts ;
- rendre les conditions de communications faciles, rapides, et agréables ;
- expliciter les buts communs ;
- expliciter les buts individuels qui nécessitent la coopération des autres.

Un ensemble de « bonnes pratiques » de la coopération, qu'elles soient incorporées dans des règles, dans des guides ou dans des routines, vise toujours deux objectifs : le contrôle et la créativité. Augmenter les pratiques de coopération à travers le BIM se conjugue avec l'augmentation de support pour le contrôle et pour la créativité.

La coopération se distingue de la **coordination** (Malone, 1993, 2001) en ce sens que les buts de chaque acteur impliqué dans le processus de coopération sont intégrés par les autres acteurs dans leur propre problématique. Non seulement il y a des buts communs, mais il y a intégration, prise en compte dans la problématique de chacun du fait que les autres ont leurs propres buts et doivent pouvoir les atteindre.

Les processus coopératifs sont à l'articulation de l'opérateur collectif et des activités individuelles (Rabardel, Rogalski, et Beguin, 1996, p. 296). La coopération requiert des processus de communication, de coordination, parmi lesquels des processus de collaboration, qui sont comme l'explique Levan (2016) un cas particulier de coordination de l'action coopérative, (p. 28). Chacun de ces processus a suscité de nombreux travaux comme ceux de Malone et Crowston (2001) qui définissent la coordination comme « gérant les dépendances entre les activités ». La communication est vue comme un vecteur essentiel de la coopération (Soubie, Buratto, et Chabaud., 2009, p. 194). Jeantet et Boujut (1998a) apportent une distinction essentielle (p. 134) : « La coordination de type coopératif est d'un autre ordre. Car dans la coopération, c'est l'action même qui est commune, ou conjointe, et qui constitue le cadre dans lequel se définissent ses divers éléments. L'unicité de son contenu n'est pas obtenue par assemblage et ajustement de résultats partiels, mais par confrontation de compétences et négociation de compromis entre des points de vue différents. Il ne s'agit pas ici de planifier des ordres de succession et de coordonner des résultats d'actions séparées et prédéfinies, mais de mettre en rapport dans le cadre d'une action commune des compétences diverses porteuses de contraintes hétérogènes. » C'est un de défis du BIM.

2.3.   D'autres théories complètent la modélisation de la coopération

De nombreux travaux éclairent tel ou tel aspect des processus cognitifs et communicationnels composant les comportements coopératifs. Par exemple, la « *mutual awareness* » est un phénomène d'écoute non dirigée, qui fait que dans une pièce de travail collectif, les différents participants enregistrent ce qu'ils entendent, alors même que l'information ne leur était pas destinée, qu'ils étaient eux-mêmes accaparés par une autre tâche. Et qu'ils se servent de façon pertinente dans leurs taches ultérieures de ce qui a ainsi été capté involontairement. Ce phénomène a été mis en évidence en particulier par Heath et Luff (1986).

Des connaissances partagées se construisent aussi dans le dialogue, et les mécanismes que Clark et Brennan (1993) ont appelé le « ***common ground*** », sont un exemple de la façon concrète dont s'élaborent ces connaissances partagées. Dans le dialogue se crée une vision partagée, une connaissance nouvelle. La connaissance est en évolution perpétuelle, en recomposition permanente. Dans le dialogue se développe ce qu'on peut appeler une « intelligence collective », intelligence étant entendue non pas au sens général de capacité, mais au sens de compréhension partagée ou vision partagée de la situation.

Parmi les autres travaux sur la coopération, il faut citer ceux qui reposent sur la **théorie des jeux**. Avec les contributions, notamment d'Axelrod (1922) et de Delahaye (1993), ils apportent un éclairage sur les effets des comportements dits coopératifs ou pas. Du point de vue de l'existence et de la « généralisation » du comportement coopératif, les travaux d'Axelrod montrent que le comportement coopératif est celui qui a tendance à s'imposer dans une population, parce qu'il permet à ceux qui l'adoptent d'avoir un gain globalement supérieur. Ce n'est pas une question de générosité, c'est une question d'intérêt mutuel bien compris. Que faire dans une situation d'incertitude en ignorant les réactions potentielles d'un partenaire ? La théorie de la coopération qu'il propose répond à cette question. Elle utilise la théorie des jeux, et « se fonde sur l'étude d'individus qui privilégient leur intérêt personnel en l'absence d'une autorité centrale qui les obligerait à coopérer. » Développée à partir d'un énoncé illustré par le dilemme du prisonnier, elle montre que contrairement au jeu d'échecs, on n'a pas forcément intérêt à considérer l'autre comme un adversaire a priori. En réalité, la stratégie gagnante est la stratégie donnant-donnant qui « coopère au premier coup, puis imite systématiquement le comportement de l'autre joueur au coup précédent ». Cette stratégie est gagnante et peut envahir une population à partir du moment ou au moins 5 % des interactions ont lieu avec des semblables coopératifs. C'est une stratégie collectivement stable, au sens ou « aucune autre ne peut l'envahir ». Cette stratégie simple et assez intuitive n'a pas besoin d'être délibérée, seuls les résultats comptent, elle n'est pas exigeante non plus en termes de sentiments altruistes : « la pierre angulaire de la coopération est plus la durabilité des rapports que la confiance », « les interactions fréquentes sont propices à une coopération stable ». Cette simplicité fait aussi sa robustesse et explique que la coopération soit à ce point répandue dans les groupes humains composés d'acteurs mus avant tout par leur intérêt personnel : « la robustesse de la réussite de donnant-donnant est due à sa bienveillance, sa susceptibilité, son indulgence et sa transparence ».

La modélisation statistique de ces comportements et des conditions de leur réussite a été proposée par Delahaye. Cet autre éclairage montre à son tour que la coopération est une attitude naturelle et ne demande qu'à être encouragée et « outillée ».

3. Notre proposition : reprendre des acquis pour éclairer les nouvelles pratiques coopératives

Les processus de résolution de problème que nous avons décrits reposent sur l'utilisation des connaissances. Nous ne pouvons pas ici développer ce concept, différencié de celui d'information ou de donnée. Formaliser des connaissances est cependant un enjeu pour nombre de disciplines de l'informatique et elles le seront bientôt pour le BIM. La modélisation et la représentation des connaissances font déjà leur entrée dans le BIM par le biais de l'utilisation des ontologies, des thesaurus, des « data dictionaries » dont on parle de plus en plus dans les outils informatiques du BIM.

Les ontologies ont ce rôle fondamental à jouer de « fixer » en partie le nommage des objets de l'univers du BTP, entre tous les acteurs, les métiers, les hommes et les machines. Une **ontologie** est un ensemble d'objets reconnus comme permettant de décrire un domaine de connaissances et d'articuler, de modéliser des raisonnements dans ce domaine. Construire une ontologie du domaine, c'est décider quels objets retenir et leur donner un type ontologique. Une ontologie est constituée de classes d'individus et de relations n-aires interindividus, ainsi que d'attributs-symboles de propriétés. La construction d'ontologie doit suivre une méthodologie rigoureuse organisée en plusieurs étapes. Il s'agit de passer d'une expression linguistique des connaissances à une ontologie utilisée dans un artefact informatique. Une ontologie est par définition spécifique à une tâche. Des ressources terminologiques variées composées de vocabulaires organisés contribuent à construire des ontologies. Construire des ontologies, des méthodes de construction, des outils d'acquisition de ressources terminologiques et ontologiques constitue un travail, on peut parler d'une **ingénierie des connaissances**. On peut considérer le lien des ontologies avec le travail coopératif dans une perspective plus large : celle des référentiels communs dans le travail coopératif dont Giboin (2004) propose une riche et pertinente synthèse reprenant la définition de Leplat (1991) largement acceptée : « représentation fonctionnelle commune aux opérateurs, qui oriente et contrôle l'activité que ceux-ci exécutent collectivement ».

Les objets intermédiaires ont déjà retenu l'attention de travaux dans le domaine de la construction (Gal, Yoo, et Boland, 2004). Le BIM utilisant largement les représentations 3D, les objets intermédiaires peuvent sembler déjà au centre de l'activité des concepteurs. Cependant tous les processus qui s'articulent autour des objets intermédiaires restent à comprendre et à documenter dans l'ensemble des métiers de la construction en particulier dans les échanges coopératifs intermétiers. Les travaux autour de la maquette numérique dans l'industrie automobile ont permis des travaux importants sur les **objets intermédiaires** (Boujut et Blanco, 2003), approfondissant les concepts fondamentaux mis en évidence par l'intelligence artificielle (Star, 1989). Star se réfère aux groupes hétérogènes comme ayant des « définitions de la situation » très différentes et qualifie comme problèmes hétérogènes, ceux qui incluent de multiples points de vue. Elle propose le concept d'objet-frontière comme essentiel pour résoudre ces problèmes : « J'appelle ces objets, objets-frontières, et ils sont une méthode privilégiée de résolution des problèmes hétérogènes. Les objets-frontières sont des objets qui sont assez plastiques pour, à la fois, s'adapter aux besoins locaux et aux contraintes des différentes parties qui les emploient, mais aussi assez robustes pour maintenir leur identité permanente à travers les sites. Ils sont faiblement structurés dans l'usage commun et deviennent fortement structurés dans les usages individuels. » Les situations de conception, sont particulièrement caractérisées par l'utilisation d'objets intermédiaires dans la communication et les négociations entre les coconcepteurs. La définition que nous propose Jeantet (1998) des objets intermédiaires pour la conception : « *Il s'agit des objets produits ou utilisés au cours de processus de conception, traces et supports de l'action de concevoir en relation avec outils, procédures et acteurs* », situe bien ces objets au cœur du processus de conception. Ces objets sont des entités abstraites des cours d'action et n'ont pas de statut substantiel externe et antérieur à l'action

Comment aller **vers des pratiques coopératives en comprenant les processus de conception collective** et en se donnant les moyens de réfléchir à ces pratiques autour du BIM ? Nous proposons, ici quelques jalons qui tentent de faire le lien entre les acquis de travaux théoriques et quelques pistes pour lancer des études autour de ces pratiques. Que ce soit concernant la coopération hommes/machines, la coopération intramétiers ou la coopération intermétiers, il faut revisiter ces acquis dans une approche pragmatique d'ingénierie proposant des méthodes faciles à utiliser et qui permettent d'assister les façons de travailler ensemble. Les contours des métiers se modifient autour des outils d'aide à la conception et à la coopération. Jeantet et Boujut observent des interpénétrations de métiers. « Penser des outils d'aide c'est aussi participer au déplacement et à l'évolution des métiers. Dans une logique de conception, les outils sont des médiateurs de l'action » (Jeantet et Boujut, 1998b, p. 160).

Quels sont les points essentiels que l'on peut déduire des fondements des processus cognitifs de la coopération ? Essayons d'en nommer quelques-uns.

- La communication entre les acteurs doit être assistée de multiples façons, quelles que soient les transactions, les requêtes entre acteurs, les processus de négociation. Les communications interindividuelles doivent être facilitées, des espaces ouverts de communication doivent être permis par les outils, mais aussi par les méthodes de management de projet.

- Tous les buts et sous-buts doivent être modélisés, pour tous les types d'agents. Les buts explicites, comme ceux qui risqueraient de rester implicites En même temps que tous les groupes d'attribution et tous les acteurs qui représentent une attribution organisationnelle ou sociale. Les buts communs doivent être clairement identifiés. Les buts communs préexistants, et ceux qui peuvent être partagés. Les nouveaux buts communs qui doivent être développés. En tenant compte toujours de la structure organisationnelle dans laquelle ces buts communs s'inscrivent, puisque cette structure organisationnelle peut impliquer en elle-même des buts qui s'imposent à tous et doivent donc être partagés.

- Il faut promouvoir non seulement les pratiques de décomposition, mais aussi des pratiques de convergence. Aussi bien pour les buts, que pour les intentions et les stratégies. Il est utile de caractériser le type de coopération. La coopération engagée par les requêtes des acteurs. La coopération basée sur les inférences. Et enfin la coopération impliquée de façon plus contrainte par la structure.

La communication mutuelle au sujet des buts mutuels nous amène au *mutual understanding*. Le travail autour du BIM et le développement de la coopération aboutiront à un « ***mutual understanding*** », plus généralisé et plus largement partagé entre les acteurs, à partir d'une intégration des buts des autres, y compris des autres métiers et avec un partage des points de vue mettant en œuvre des processus complexes. Un bon exemple de l'intégration des buts des autres dans une coopération très brève et très localisée est celle qui se produit en prenant les agendas en fin de réunion pour fixer une nouvelle réunion. Le but commun est de fixer une nouvelle réunion ; pour cela, il faut prendre en compte les contraintes de chacun, et souvent les acteurs les annoncent : « pas cette semaine-là », « je suis à l'étranger »...

D'autres secteurs ou d'autres travaux ont mis en évidence des processus que nous avons de grandes chances de retrouver autour du BIM. Reprenons le « *grounding* » déjà abordé, concept proposé par Clark (Clark et Schaeffer, 1987) se réfère à la nécessité qu'ont les acteurs de se cordonner par le contenu, en mettant en permanence à jour le terrain commun de la communication à travers ce processus que Clark propose d'appeler « *grounding* ». Ce processus est présent, non seulement dans la communication mais aussi dans toute action collective. Ce processus se présente en général en deux phases : une de présentation, l'autre d'acceptation. Cette mise à jour du terrain commun se fait aussi par des mécanismes implicites partagés par les partenaires : par exemple, l'évidence négative révèle le fait que lorsque le locuteur ne répond pas, alors qu'il entend, son acquiescement est supposé. Ces derniers peuvent aussi prendre la forme d'onomatopées ou de signes dont le sens est tacitement partagé, ou encore de « validation par défaut » après publication dans l'espace public de la plateforme BIM.

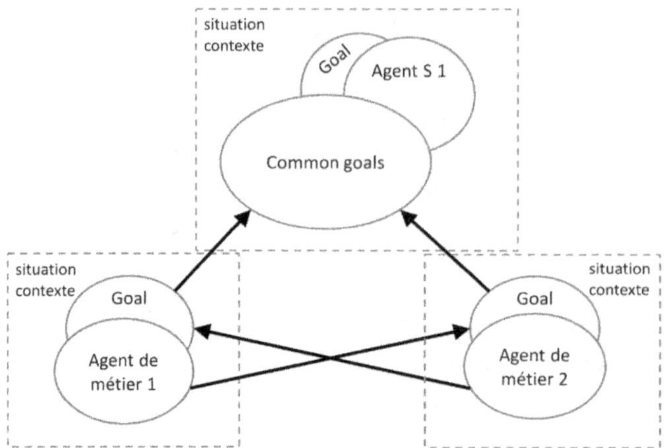

Figure 4. Le *mutual understanding* : intégration des buts des autres acteurs.

Chaque type d'agent doit être identifié avec ses propres buts ainsi que l'interaction de ceux-ci avec les buts communs. Certains agents ont des rôles spéciaux envers les buts communs et sont de ce fait des agents spéciaux. La structure de la situation peut influencer les communications entre les agents, en particulier les échanges implicites et qui sont difficiles à expliciter.

4.   Discussion

D'un point de vue méthodologique. Nos propositions, d'ordre prospectif et d'orientation, ne s'appuient pas sur une étude de cas et ne proposent pas de résultats nouveaux. Le but de notre proposition est d'engager à des travaux de recherche sur les processus de coopération autour du BIM.

Nous n'avons pas abordé les travaux de recherche en sciences de gestion. Pourtant les méthodes de management sont fondamentalement concernées par cette transformation de l'activité. Le cognitif et la coopération ont des conséquences importantes sur le management. Il faut donc mettre la gestion et l'organisationnel au même niveau dans nos préoccupations que les processus cognitifs. Et lancer des travaux pluridisciplinaires sur les changements organisationnels. Autour du BIM, les acteurs et les métiers ont à échanger beaucoup plus tôt dans la conception et des façons de faire d'autres métiers interfèrent plus tôt et de façon plus marquée avec le travail intramétiers. De même, des méthodes comme celles du *design thinking* (Jelinek, Georges, *et al.*, 2008) impliquent des métiers qui n'existaient pas, et introduisent un point de vue « utilisateur » qui n'était pas présent auparavant. Nous n'avons pas non plus abordé les notions d'apprentissage (Argyris, 1995 ; Nonaka et Takeuchi, 1997). Enfin, le *concurrent engineering* mérite aussi d'être étudié, il peut être vu comme l'intégration dans une démarche de PLM des composantes du travail collectif. Enfin, nous n'avons pas abordé certains aspects comme ceux de la coopétition abordée par un courant de recherche en gestion (Dagnino, Leroy, et Yami, 2007 ; Leroy et Yami, 2007 ; Yami et Leroy, 2010).

Les annotations, que nous n'avons pas pu aborder ici, ont connu un grand développement, dans plusieurs outils informatiques dans d'autres secteurs industriels. On peut les voir comme une facilitation à communiquer autour d'un objet intermédiaire. Elles sont des facilités de communication asynchrone tout comme les bulles (Relieu, 2009).

Conclusion

La coopération nécessite dans un milieu de travail sophistiqué comme celui du BIM, des apprentissages, une coordination et une animation managériale spécifiques. L'intérêt concret d'étudier les processus de cognition collective est donc de penser les modes de travail collectif vers lesquels on s'achemine et qui sont adaptés à la production dans une démarche BIM.

On peut constater que l'augmentation des compétences de coordination, d'animation autour d'un modèle est notable sans forcément détailler quelles sont ces compétences et les processus élémentaires sur lesquelles elles reposent (Bozuglu, 2016). Cependant, certaines études analysant finement les compétences de coordination autour des différents logiciels BIM sont nécessaires, il s'agit de contribuer au « *academic framework informed by BIM research, BIM professionals and other industry stakeholders is a prerequisite for delivering BIM education in universities* » (Bozuglu, 2016).

Ce caractère massif de la coopération sera en particulier sensible dans les échanges intermétiers. La confrontation permanente entre plusieurs métiers est une nouveauté bouleversante du BIM au quotidien, les métiers « autres » faisant irruption au cœur même du métier de chacun, alors qu'autrefois on réfléchissait « entre soi ». Chacun y sera confronté et les managers auront à le gérer et les frontières des métiers vont probablement bouger.

Des recherches sur la coopération pourraient être des ressources pour l'innovation dans les entreprises, qui ont à inventer :

- la mise en place de plateformes coopératives d'outils, ainsi que la capitalisation sur les savoir-faire et les apprentissages ;
- le management autour de ces plateformes de coopération ;
- les pratiques coopératives autour des outils numériques.

Les entreprises doivent en effet dégager un avantage compétitif à partir de leurs pratiques dans la démarche BIM.

Dans le cadre de démarches collectives de la filière, des recherches sur la coopération dans une démarche BIM peuvent enfin constituer des ressources pour la conception d'outils informatiques adaptés au BTP et issus du dialogue entre les éditeurs et les professionnels. De même, il y a une ingénierie des connaissances autour du BIM à construire collectivement dans la filière, qui peut profiter des acquis des autres secteurs.

Crédits

Ce travail a été effectué dans le cadre du projet MINnD et a bénéficié des discussions et échanges d'idées dans plusieurs groupes de travail de ce projet de recherche.

Références bibliographiques

ANDERSON, J. R. *Cognitive Psychology and Its Implications*. San Francisco : Freeman, 1980.

ARGYRIS, C. *Savoir pour agir*. Paris : Interéditions, 1995.

ARGYRIS, C., SCHON, D. *Organizational Learning : A Theory of Action Perspective*. Reading, Mass : Addison Wesley, 1978.

AXELROD, R. *Donnant, donnant. Une théorie du comportement coopératif*. Paris : Odile Jacob, 1992.

BANNON, L. J., SCHMIDT, K. CSCW : Four Characters in Search of a Context. In : BAECKER, R. M. (ed.) *Readings in Groupware and Computer-Supported Cooperative Work*. Morgan Kaufmann, 1993.

BOLAND, R. J., LYYTINEN, K., YOO, Y. Wakes of Innovation in Project Networks : The Case of Digital 3-D Representations in Architecture, Engineering, and Construction. *Organization Science*. 2007, vol. 18, n° 4, p. 631-647.

BOUJUT, J.-F., BLANCO, E. Intermediary Objects as a Means to Foster Co-operation in Engineering Design. *Computer Supported Cooperative Work*. 2003, vol. 12, n° 2, p. 205-219.

BOUJUT, J.-F. User-Defined Annotations : Artefacts for Co-ordination and Shared Understanding in Design Teams. *Journal of Engineering Design*. 2003, vol. 14, n° 4, p. 409-419.

BOZOGLU, J. Collaboration and Coordination Learning Modules for BIM Education. *Journal of Information Technology in Construction*. 2016, vol. 21, p. 152.

CLARK H. H., BRENNAN, S. E. Grounding in Communication. In : BAECKER, R. M. (ed.) *Readings in Groupware and Computer-Supported Cooperative Work*. Morgan Kaufmann, 1993.

COOK, S. D. N., BROWN, J. S. Bridging Epistemologies : The Generative Dance Between Organizational Knowledge and Organizational Knowing. *Organization Science*. 1999, vol. 10, n° 4, p. 381-400.

DELAHAYE, J.-P. *Logique, informatique et paradoxes*. Paris : Belin, 1993.

DAGNINO, G. B., LEROY, F., YAMI, S. La dynamique des stratégies de coopétition. *Revue française de gestion*. 2007, n° 176, p. 87-98.

DARSES, F., FALZON, P. La conception collective : une approche de l'ergonomie cognitive. In : TERSSAC, G. DE, FRIEDBERG, E. (eds.) *Coopération et Conception*. Toulouse : Octarès, 1996.

DARSES, F., FALZON, P. La conception collective : une approche de l'ergonomie cognitive. Communication présentée au séminaire du GDR CNRS FROG *Coopération et Conception*, Toulouse, 1ᵉʳ-2 décembre 1994.

GAL, U., YOO, Y., BOLAND, R. The dynamics of boundary objects, social infrastructures and social identities. *Sprouts : Working Papers on Information Systems*. 2004, vol. 4, n° 11, p. 193-206.

GIBOIN, A. La construction de référentiels communs dans le travail coopératif. In : HOC, J.-M., DARSES, F. *Psychologie ergonomique : tendances actuelles*. Paris : PUF, 2004, p. 119-139.

GROSJEAN, M., LACOSTE, M. *Communication et Intelligence collective*. Paris : PUF, 1999.

HEATH, C., LUFF, P. (1993) Disembodied Conduct : Communication Through Video in a Multi-Media Office Environnement. In : BAECKER, R. M. (ed.) *Readings in Groupware and Computer-Supported Cooperative Work*. Morgan Kaufmann, 1993.

HUTCHINS, E. *Cognition in the Wild*. Bradford Books, 1996.

JEANTET, A. Les objets intermédiaires dans la conception. Éléments pour une sociologie des processus de conception. *Sociologie du travail*. 1998, vol. 40, n° 3, p. 291-316.

JEANTET, A., BOUJUT, J.-F. Approche socio-technique [chap. 5]. In : TOLLENAERE, M., *Conception de produits mécaniques. Méthodes, modèles et outils*. Paris : Hermès, 1998a.

JEANTET, A., BOUJUT, J.-F. Dynamique et évolution des métiers dans la conception [chap. 6]. In : TOLLENAERE, M., *Conception de produits mécaniques. Méthodes, modèles et outils*. Paris : Hermès, 1998b.

JEANTET, A., TIGER, H., VINCK, D., TICHKIEWITCH, S. La coordination par les objets dans les équipes intégrées de conception de produit. In : TERSSAC, G. DE, FRIEDBERG, E. (eds.). *Coopération et Conception*. Toulouse : Octarès, 1996.

JELINEK, M., GEORGES, A., ROMME, L., BOLAND, R. J. Introduction to the Special Issue : Organization Studies as a Science for Design : Creating Collaborative Artifacts and Research. *Organization studies*. 2008, vol. 29, n° 3, p. 317-329.

LEPLAT, J. Activités collectives et nouvelles technologies. *Revue internationale de psychologie sociale*. 1991, vol. 4, n°s 3-4, p. 335-356.

LE ROY, F., YAMI, S. Les stratégies de coopétition. *Revue française de gestion*. 2007, n° 178, 216 p.

LEVAN, S. K. *Management et Collaboration BIM*. Paris : Eyrolles, 2016.

MALONE, T. W, CROWSTON, K. The Interdisciplinary Study of Coordination. In: OLSON, G. M., MALONE, T. W., SMITH, J. B. (eds.) *Coordination Theory and Collaboration Technology*. London: Lawrence Erlbaum Assoc., 2001.

MALONE, T., CROWSTON, K. What is Coordination Theory and How Can It Help Design Cooperative Work Systems? In: BAECKER, R. M. (ed.) *Readings in Groupware and Computer-Supported Cooperative Work*. Morgan Kaufmann, 1993.

NEWELL, A., SIMON, H. *Human Problem Solving*. Prentice Hall, 1972.

NONAKA, I., TAKEUCHI, H. *La Connaissance créatrice*. Bruxelles : De Boeck, 1997.

RABARDEL, P. ROGALSKI, J., BEGUIN, P. Les processus de coopération à l'articulation entre modalités organisationnelles et activités individuelles. In : TERSSAC, G. DE, FRIEDBERG, E. (eds.) *Coopération et Conception*. Toulouse : Octarès, 1996.

RELIEU, M. *"Any info on flooding?"* Une étude des annotations d'un *mash-up* proposé après le passage de l'ouragan Katrina sur La Nouvelle-Orléans. *Actes Epique 2009*.

ROBERTSON, S. P., ZACHARY, W., BLACK, J. B. *Cognition, Computing and Cooperation*. Norwood, NJ : Ablex Publishing Corporation, 1990.

SOUBIE, J. L., BURATTO, F., CHABAUD, C. La conception de la coopération et la coopération dans la conception. In : TERSSAC, G. DE, FRIEDBERG, E. (eds.) *Coopération et Conception*. Toulouse : Octarès, 1996.

SUCHMAN, L. A. (1987). *Plans and Situated Actions*. Cambridge : Cambridge University Press, 1987.

STAR, S. L. The Structure of Ill-Structured Solutions : Heterogeneous Problem-Solving, Boundary Objects and Distributed Artificial Intelligence. In: HUHNS, M., GLASSER, L. (eds.) *Distributed Artificial Intelligence*. San Mateo, CA: Morgan Kaufmann, 1989, vol. 2, p. 37-54.

TEULIER, R., GAREL, G. BIM The Massive Use of Simulation in Design and Its Organizational Implications. BAF4 Conference, Glasgow, 2016.

YAMI, S., LE ROY, F. *Stratégies de coopétition*. Bruxelles : De Boeck, 2010.

Apporter la culture de collaboration BIM au sein de l'enseignement dans les écoles d'architecture et d'ingénieurs

Nader BOUTROS, Peter IREMAN

ENSA Paris-Val de Seine, laboratoire EVCAU – ESITC Caen

e-mail : nader.boutros@paris-valdeseine.archi.fr

Abstract

How to make students aware of the implementation of collaborative processes in the context of BIM projects? On the basis of 4th-year students' architectural projects, an experiment is being carried out this year to raise awareness of them as part of project-based learning, to bring their design towards a technical level of a project phase. Through a series of resources, introductory courses and video conferencing sessions, the two groups work in small project teams. The expected result is to evaluate their ability to adapt to an unusual and remote collaboration situation. Architecture students propose a project by group in the competition phase, or APS, and the whole group, in a collaborative synergy, brings this project towards the PRO phase. In order to achieve this goal, each group has built its own learning and collaboration path appropriate to its project.

Key words

BIM collaboration, pedagogy by the project, distance learning, remote work, synchronous or asynchronous restitution.

Résumé

Comment sensibiliser les étudiants à la mise en place des processus de collaboration dans le contexte de projets BIM ? À partir de projets d'étudiants d'architecture en 4ᵉ année, une expérimentation est cette année en cours de réalisation pour les sensibiliser dans le cadre d'un apprentissage par le projet, à amener leur conception vers un niveau technique d'une phase projet. À travers une série de ressources, de cours introductif et des séances de travail en visio-conférences, les deux groupes travaillent en petites équipes projet. Le résultat escompté consiste à évaluer leur capacité d'adaptation à une situation de collaboration inhabituelle et à distance. Les étudiants architectes proposent un projet par groupe en phase concours, ou APS, et l'ensemble du groupe, dans une synergie collaborative, amène ce projet vers la phase PRO. Afin d'atteindre cet objectif, chaque groupe bâti son propre parcours d'apprentissage et de collaboration approprié à son projet.

Mots-clés

Collaboration BIM, pédagogie par le projet, enseignement à distance, travail à distance, restitution synchrone ou asynchrone.

1.   Pédagogie par le projet

1.1.   Remplir un vase ou allumer une flamme

Comme le précisent bien les auteurs de l'ouvrage *Être enseignant : Magister ? Metteur en scène ?*, il est nécessaire de s'interroger sur la posture à adopter par l'enseignant, soit celle du maître disposant d'une connaissance qu'il dispense sans qu'elle puisse être discutée, soit celle du tuteur qui met en situation, qui aide à la résolution d'un problème en partageant ses connaissances.

L'évolution rapide et la croissance incessante des connaissances, leur fragmentation en disciplines aujourd'hui obsolètes, l'adaptation continue des concepts conduisent à admettre qu'il est inutile de vouloir donner à un étudiant un bagage initial complet et définitif. Au contraire, il semble utile de fournir des éléments, dont le choix est difficile, favorisant surtout une capacité à apprendre, une aptitude critique qui permettent de s'adapter, de progresser sans cesse.

Le constat est malheureux et heureux en même temps. Nous constatons l'absence de programme éducatif national concerté et évolutif de référence. Cette porte ouverte laisse libre cours à chaque école pour définir le contour disciplinaire qu'elle mettra en application en fonction des volontés individuelles de ses enseignants. Il est important, dans ce contexte, que les enseignants se regroupent et proposent des méthodes et démarches à partager avec leurs collègues des autres écoles[1].

Nous constatons que les étudiants ne travaillent que s'il y a des évaluations et que, plus les évaluations sont réputées sévères, plus ils s'impliquent dans l'apprentissage. Comment changer cette attitude afin de leur inculquer le plaisir **d'apprendre** au lieu de la difficulté **de réussir** ? C'est en militant pour développer chez les étudiants la compétence à construire leurs propres savoirs que nous y arriverons.

Il sera ainsi souhaité d'atteindre une proposition de méthode pédagogique la plus universelle possible ayant les attendus argumentés dans l'ouvrage cité en préambule : motivation des étudiants ; assiduité ; initiative ; autonomie ; apprentissage en profondeur ; meilleure restitution ; vision globale de la matière ; capacité à communiquer ; capacité à travailler en équipe.

Cette méthode puisera son essence de la difficulté de bâtir des programmes sans parti pris. Ce ne sont plus les programmes qui comptent mais les aptitudes acquises par les étudiants. Il est impossible de tout voir en cours. La compétence principale n'est plus d'accumuler des savoirs mais d'acquérir l'aptitude à construire ses propres savoirs à partir d'une information surabondante et changeante. Ce sont les modalités d'évaluation, la qualité d'examen et les rapports de projet qui conduisent nos étudiants là où nous les attendons. L'enjeu est donc de concevoir un dispositif d'évaluation permettant le développement d'une pensée et d'une action personnelle. L'évaluation doit donner droit à l'erreur mais ne peut laisser de place à la médiocrité.

2. Collaboration BIM

2.1. BIM fédérateur du numérique et de l'humain

Le BIM, en France, en est encore à ses débuts : beaucoup d'expérimentations ponctuelles, les bonnes pratiques se confirment peu à peu. Les écoles d'architecture devraient intégrer cette innovation qui impacte le management des structures, le management des compétences, le management des données et le management de la connaissance d'un projet.

Les défis sont majeurs pour le BIM et pour les organisations qui y adhèrent. Il s'agit de processus de management de projet et des données, et même des connaissances. En ingénierie de la construction, les outils ne sont là que pour permettre une bonne gestion de projet à aboutir, et l'on ne peut réduire le BIM à un outil, une technologie.

Le BIM apporte les moyens de résolution des processus défectueux existants. Le BIM n'offre de plus-value que si l'on diagnostique au préalable la situation actuelle, et que l'on projette avec méthode et anticipation l'intégration du numérique dans tous les métiers de la construction. Le BIM est donc un défi à tous les niveaux, pour l'étudiant, les groupes de projet, l'acquisition des compétences, les différentes disciplines de l'école et nous devons porter un regard lucide sur ses technologies.

---

1   Les ENSA, avec le soutien du ministère de la Culture et de la Communication, ont instauré les assises du BIM et espèrent s'organiser en réseau courant 2017. Les assises du BIM sont une série de quatre séminaires sur l'enseignement du BIM dans les écoles d'architecture : ENSA Paris-Val de Seine, Marseille et Toulouse en 2016, et séminaire conclusif à Paris-Malaquais le 16 mai 2017.

Les clés de réussite dans l'appropriation du BIM sont intrinsèquement liées au juste équilibre entre numérique et humain. Effectivement, rationaliser, définir, décrire, partager et communiquer deviennent des activités quotidiennes des processus collaboratifs BIM :

- essaimer et partager ses connaissances ;
- la diversité dans le travail de groupe, l'adaptation des compétences, le management des connaissances et des informations ;
- identifier une chaîne de compétences et de savoirfaire depuis la programmation, la conception, l'organisation, la réalisation jusqu'à la gestion et la maintenance des bâtiments (ultime objectif du BIM) ;
- incarner la dimension humaine du projet (organisation de réunions, concertations).

Comme le précise bien Levan (2016) dans son ouvrage *Management et Collaboration BIM* et par ses sources, la collaboration BIM remplace l'autonomie par la dépendance, la neutralité de la relation professionnelle par la confrontation, le tout dans une volonté d'organisation reposant sur la communication. La collaboration n'est pas un comportement spontané.

C'est pour cela que la formalisation de la collaboration[1] passe par la description précise de ce qu'entendent les partenaires d'un projet par « collaborer ». Dans une convention commune (BxP[2] ou BIM PxP[3]), ils décrivent les actions récurrentes suivantes : Identifier les besoins, les traduire en objectifs BIM et les formaliser en processus particulier de cas d'usage BIM. Dépendante de l'évolution des phases du projet, la convention décrit de même les règles de modélisation géométrique et d'organisation de l'information utile en établissant le juste rapport entre le niveau de détail et la qualité/quantité des informations associées (LOD/LOI) en fonction de l'évolution de l'équipe, ce qui impacte les compétences disponibles, les outils utilisés et les moyens mis en place pour y parvenir. Cette structuration du travail par phase, par partenaire et par état d'avancement impacte la communication interne et externe. Le flux d'information et de documentation se voit organisé en états : en cours d'élaboration (WIP), partageable entre les partenaires (SHARED), communicable (PUBLISHED) ou destiné à l'archivage (ARCHIVED).

Ce changement de mentalité, ce partage met en évidence la diversité des hommes, des métiers et des outils associés et implique d'identifier les règles d'interopérabilité et les formes de restitution des informations. Nous constatons que ces évolutions impactent et s'inspirent des évolutions technologiques de la gestion de l'information. Nous participons aujourd'hui à un changement de paradigme qui amène la séparation entre outils, données et formes de restitution dans un univers interconnecté (*cloud computing*) permettant le travail synchrone ou asynchrone des partenaires associés à un projet.

---

1   Un processus structuré et récursif selon lequel deux ou plusieurs individus travaillent ensemble pour atteindre un objectif commun en partageant des savoirs, en apprenant et en construisant du consensus [InPro2010].

2   BIM execution plan – https://www.designingbuildings.co.uk/wiki/BIM_execution_plan_BEP.

3   BIM Project Execution Plan [PENNSTATE NBIMS].

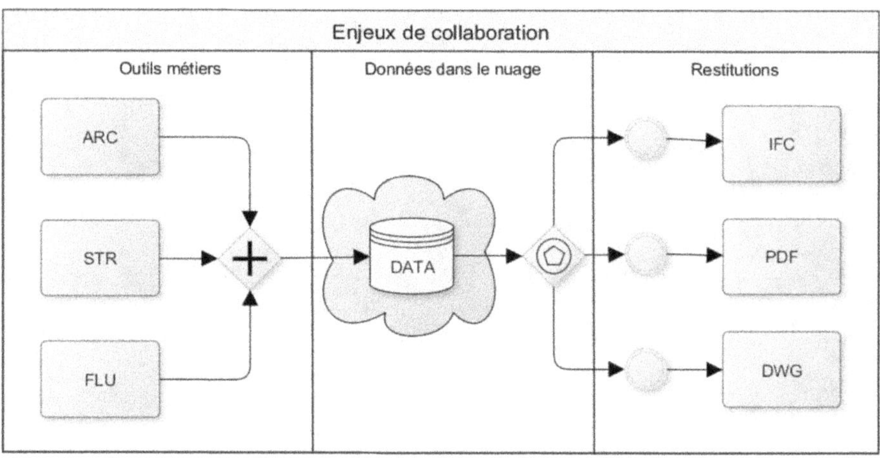

Figure 1. Schéma personnel des enjeux de la collaboration et des outils associés

3. Enseignement à distance

Si l'enseignement classique a toute sa place encore aujourd'hui, l'évolution des technologies de l'information et des techniques d'enseignement à distance permettent d'imaginer un contexte hybride d'apprentissage favorisant l'accès guidé à l'information utile dans le cadre d'un cursus. Voir et revoir ses cours, suivre sa progression, communiquer avec ses enseignants ou ses pairs, accéder à des sources d'information complémentaires et s'autoévaluer impliquent une motivation et une responsabilisation des étudiants dans la constitution de leurs chemins critiques individuels d'acquisition de compétences.

L'évolution des réseaux mobiles rend l'accessibilité de l'information quasi instantanée à tout instant. Les outils deviennent de plus en plus simples et intuitifs pour organiser des RDV synchrones entre pairs ou entre étudiants et enseignants, permettant de se voir, de s'entendre et de partager les écrans. L'enseignement des outils passe par des modules vidéo, des tutoriels et des exercices en ligne permettant le temps du présentiel pour des activités d'accompagnement des projets, de conseil personnalisé et de concertation en groupe.

4. Travail à distance

La réalité de la collaboration BIM est le travail à distance. Il est rare de trouver des plateaux projets qui impliquent la présence simultanée et permanente de l'ensemble des acteurs d'une phase du projet (programmation, conception, réalisation, exploitation, maintenance).

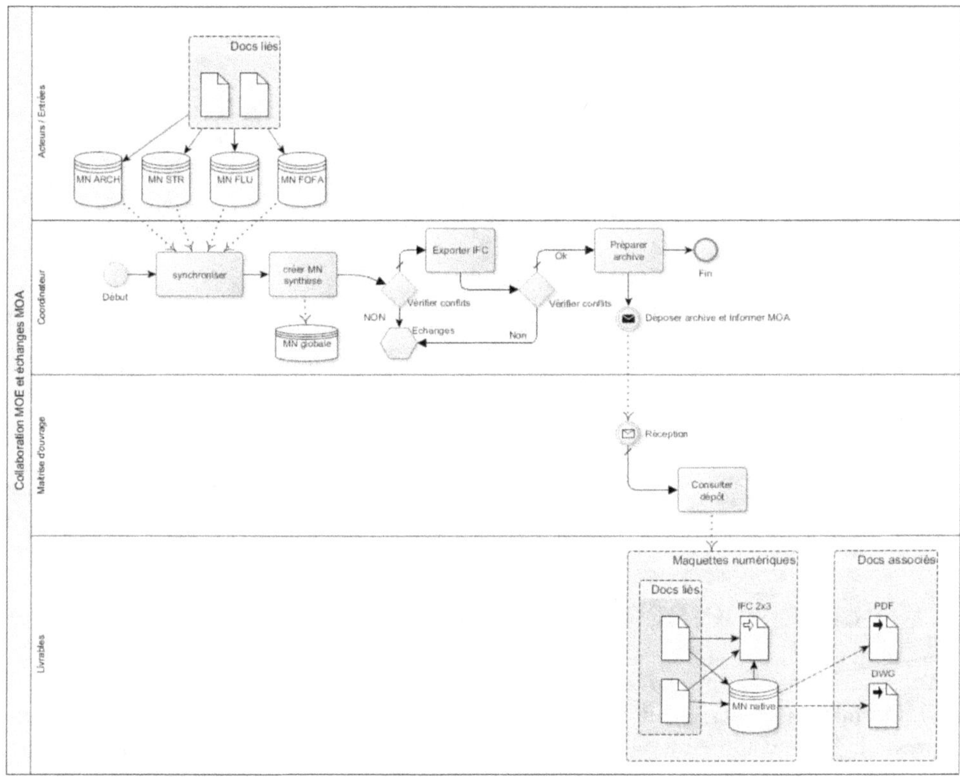

Figure 2. Processus de consolidation des maquettes numériques dans le cadre d'une présynthèse
(contribution personnelle suite à l'analyse d'un cahier des charges d'un maître d'ouvrage)

Travailler à distance nécessite une discipline et une exigence de clarté afin que ses partenaires puissent comprendre le travail fourni sans ambiguïté.

La mise en place de plateformes de collaboration permettant le partage et les échanges à distance des données du projet est primordiale à la réussite de la collaboration. Cela peut prendre des formes diverses : d'un simple espace de partage de fichiers à une plateforme collaborative dédiée et spécifique à la gestion du projet, des maquettes numériques, des états d'avancement, de l'évolution des acteurs et des livrables.

5.   Partenariat interécoles

Au croisement des quatre thèmes décrits ci-dessus, des initiatives partielles ont vu le jour dans différentes écoles parfois en utilisant des jeux de rôles faisant d'un architecte, un ingénieur fluide ou d'un ingénieur structure, un architecte. La limite de ce jeu de rôle est la réduction du champ de l'interaction et de la collaboration à l'image réductrice qu'à un acteur du métier simulé dans ce type de jeux de rôle. Les expériences interécoles permettent à chaque étudiant et enseignant de s'épanouir dans son domaine en découvrant avec beaucoup d'attention les préoccupations des autres domaines enseignés.

5.1. Expérience d'enseignement

À l'École nationale supérieure d'architecture (ENSA) Paris-Val de Seine et à l'ESITC Caen, nous faisons partie des formateurs pour lesquels le BIM ne doit pas être une option. Une nouvelle pédagogie orientée projet est expérimentée cette année pour les étudiants de quatrième année (Master I).

Il est crucial que les nouvelles générations soient confrontées au BIM et à la maquette numérique dès le début de leur cursus. Avec l'équipe pédagogique, nous travaillons à mettre en place, un cursus qui aborde graduellement les dimensions du BIM sur les premières années pour arriver à une maturité relative permettant d'aborder la collaboration à partir de la quatrième année.

5.2. À l'ENSA Paris-Val de Seine, une licence en trois temps

Après une formation basique à la DAO, la modélisation 3D simple et au traitement d'image en 1re année, les étudiants reçoivent ensuite une initiation à la modélisation paramétrique pour certains groupes. Ce n'est qu'en 2e année que les futurs diplômés abordent l'apprentissage de la maquette numérique. Ils sont aussi sensibilisés à l'openBIM et au format IFC.

L'important à ce stade est d'apprendre à modéliser correctement ; sont alors privilégiées les notions essentielles concernant les éléments du bâti, la composition des éléments multicouches, la modélisation de terrain ou encore la mise en page ; autant d'éléments qui ne nécessitent pas de niveau élevé d'informations à introduire. Ensuite, les outils sont utilisés pour la définition fine des matériaux, le calcul de rendu, la mise en page ou encore la gestion des liaisons avec des fichiers CAO.

La 3e année est une année d'approfondissement… et de précision des gestes et des usages. S'il n'y a pas de respect de la qualité de la maquette numérique, il y aura bien des problèmes en aval dans leurs futurs projets. Les points principaux touchent à la création d'une maquette numérique de référence par l'architecte et à sa compréhension par les autres partenaires. Il faut savoir contrôler cette maquette, utiliser les visionneuses, gérer les conflits, corriger ceux liés à la conception… Elle devient le nouveau vecteur de communication et de travail collaboratif.

5.3. À l'ESITC Caen, une approche transversale pour tous, dès la première année du cycle ingénieur

L'ESITC Caen déploie depuis plusieurs années une approche transversale pour l'apprentissage de la maquette numérique et du BIM. L'ensemble des élèves ingénieurs apprend la modélisation des structures et des systèmes, ainsi que l'exploitation de ses modèles métiers pour la réalisation d'études techniques et pour l'organisation et la gestion des chantiers.

Cet apprentissage se fait en même temps que l'acquisition des compétences classiques d'un ingénieur du BTP. L'objectif est que tous les élèves aient une bonne compréhension des activités de l'ensemble des acteurs d'un projet de construction et soient capables d'exercer les métiers d'ingénieur dans un processus collaboratif. L'apprentissage par projets pluridisciplinaires et interétablissements s'inscrit comme une composante naturelle et incontournable dans cette approche.

6.   Expérimentation

Il est proposé aux étudiants ingénieurs une série de projets concrets issus des travaux antérieurs des étudiants architectes qu'ils doivent ensemble mener à bien dans une approche collaborative de niveau de maturité BIM 2/3. En tant qu'enseignants, nous avons le rôle de maître d'ouvrage à convaincre de l'évolution et de la pertinence des choix effectués. Cette pédagogie inductive, à raison d'une journée par semaine pendant un semestre, aborde toutes les dimensions de la maquette numérique.

Ce partenariat nous donne l'occasion d'expérimenter une vraie dimension collaborative autour de projets communs. La reconnaissance mutuelle des futurs ingénieurs et architectes est l'objectif à atteindre en fin d'expérimentation.

6.1.   Déroulement

Les premières préfigurations de cet enseignement commun prévoyaient déjà il y a un an un découpage par rendu et revue de projet en parallèle de cours traditionnels de chaque côté.

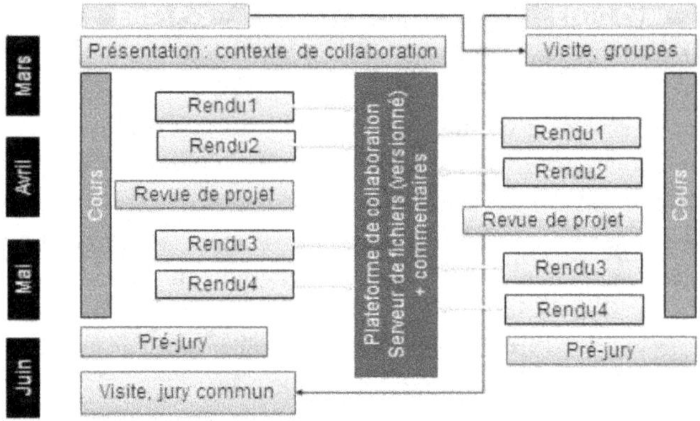

La dernière mouture qui règle les échéances de collaboration ressemble plutôt au planning ci-dessous :

Mars					Avril				Mai				Juin
S1	S2	S3	S4	S5	S6	S7	S8	S9	S10	S11	S12		
02-mars	09-mars	16-mars	23-mars	30-mars	06-avr	13-avr	20-avr	27-avr	04-mai	11-mai	18-mai		01-juin
WIP	SHARE	PUB	WIP	SHARE	PUB	WIP	SHARE	PUB	WIP	SHARE	PUB		
ARC Lancement	Convention BIM	ARC Rendu1	STR Lancement		STR Rendu1			ARC R2 STR R2	MEP Lancement	MEP R1 MEP R2	ARC STR MEP R3	Examens/ Préparation soutenance	Soutenance à l'ENSA Paris-Val de Seine
APS			APD						PRO				
1	Constitution des groupes à l'ESITC CAEN	2	3	4	5	6	Congés ESITC	7	8	2 jours intensifs	9		
1		2	3	4	Semaine intensive	Congés ENSAPVS	5	6	7	8	9		

En effet, nous avons voulu la mise en place artificielle de quatre cycles de rendu. Chaque cycle est constitué de 3 semaines taguées (WIP, SHARE, PUB[1]) afin de les sensibiliser au processus de travail personnel en collaboration et à destination d'une présentation aux enseignants. Les semaines PUB bénéficient d'une organisation en visioconférence entre les deux établissements pendant une séance de 3 heures d'échanges sur les projets. Cette première année nous avons 7 étudiants architectes et 12 étudiants ingénieurs.

Les étudiants architectes ont pu présenter leurs projets et après une concertation avec les étudiants ingénieurs des groupes mixtes architectes/ingénieurs sont constitués pour partir des conceptions initiales vers un projet détaillé réalisable correspondant à la phase PRO.

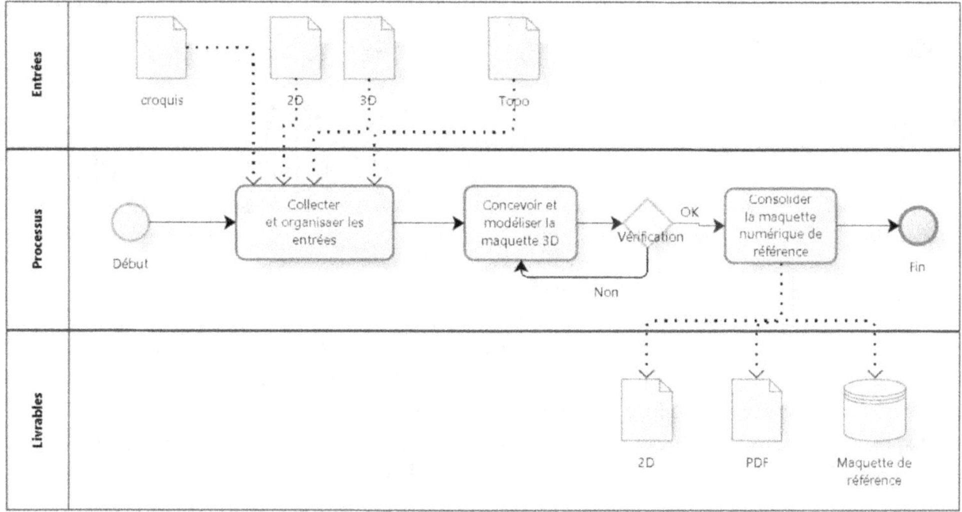

Figure 3. Réalisation personnelle : processus de préparation de la maquette de référence de l'architecte

---

1   Présentation du CDE (*common data environment*) du PAS 1192

Figure 4. Première session de restitution par groupe en visioconférence

Dans le cadre d'une collaboration étroite avec le mastère spécialisé BIM piloté par l'École des Ponts ParisTech et l'ESTP (École supérieure des travaux publics) et en tant que partenaire de la plateforme des formations BIM piloté par l'École des Ponts, cet enseignement a bénéficié d'une ouverture exceptionnelle d'un espace sur la plateforme Moodle et ainsi nous permettre de disposer d'un environnement d'enseignement à distance ainsi que l'accès à un ensemble de ressources communes (conférences filmées, tutoriels de logiciels…).

Même si la mise en place de cette pédagogie semble lourde et complexe, le résultat est sans appel. Les étudiants prennent sérieusement conscience des enjeux, se sentent mis dans une situation de projet réel. La dimension de collaboration avec des étudiants d'une autre école soulève le seuil de compétitivité et de respect de l'autre. La constitution de groupes mixtes des deux écoles relève le niveau de compétition. Les objectifs d'une restitution publique ainsi qu'une publication les engagent dans un processus professionnalisant dépassant les limites d'une pédagogie par le mérite où la note est le point d'intérêt majeur.

Quelques illustrations des projets choisis dans le contexte de la plateforme BIM+ adaptée pour les échanges avec les enseignants :

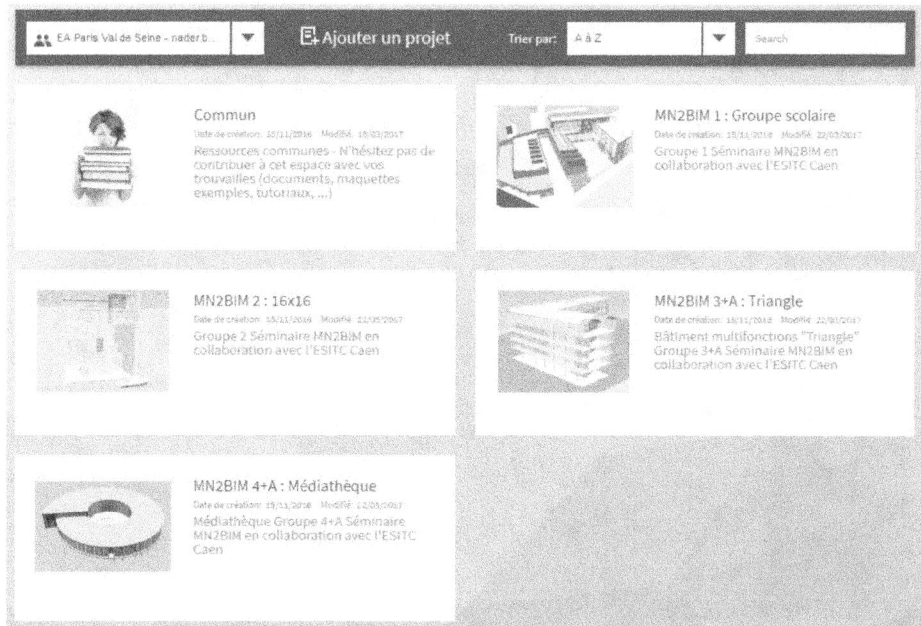

Figure 5. Plateforme BIM+ permettant la gestion de documents et la visualisation de maquettes numériques

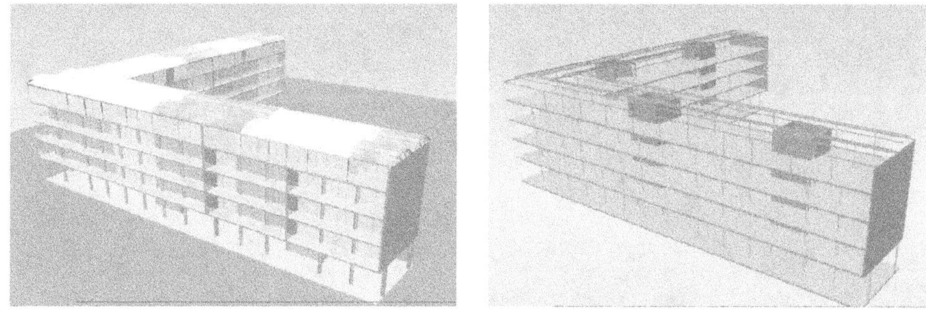

Figure 6. Vues du modèle architecte et du modèle structure du même bâtiment

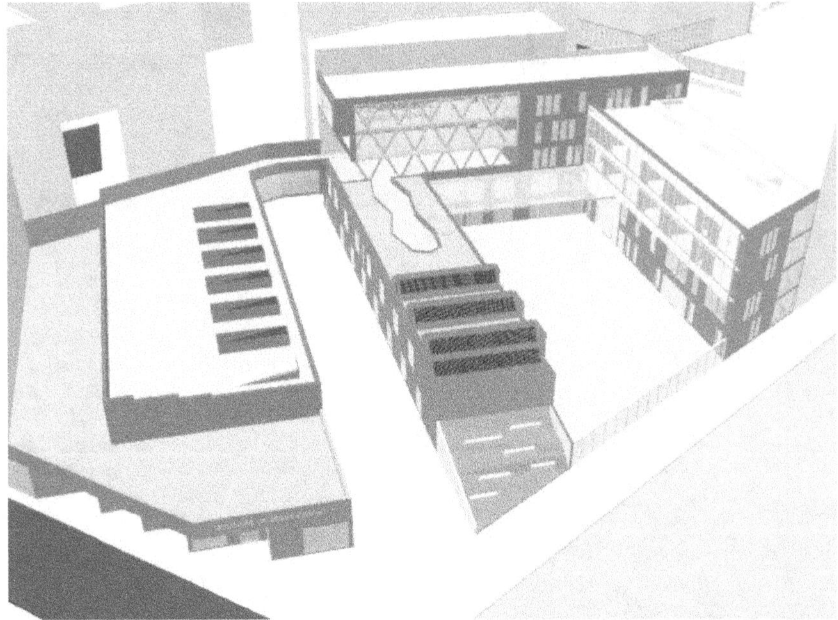

Figure 7. Groupe 1 : groupe scolaire

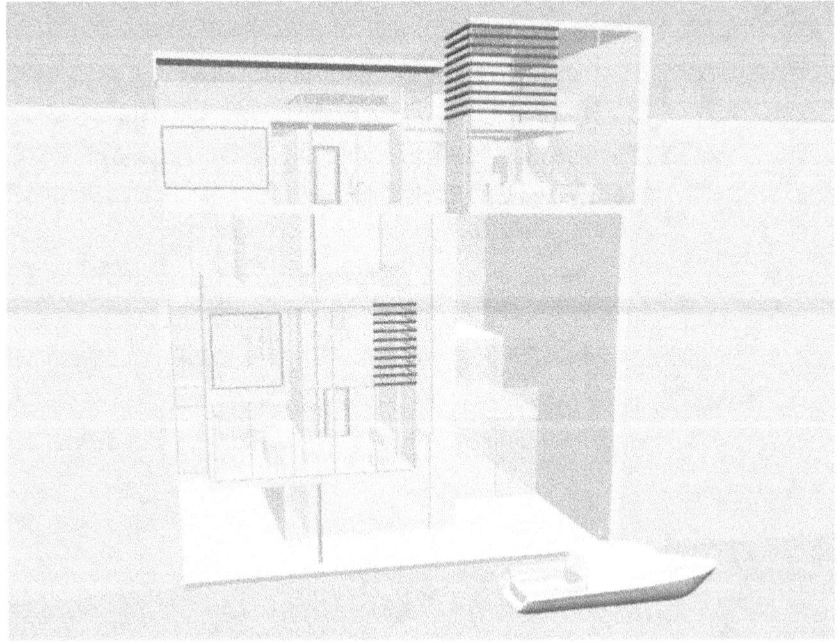

Figure 8. Groupe 2 : logements

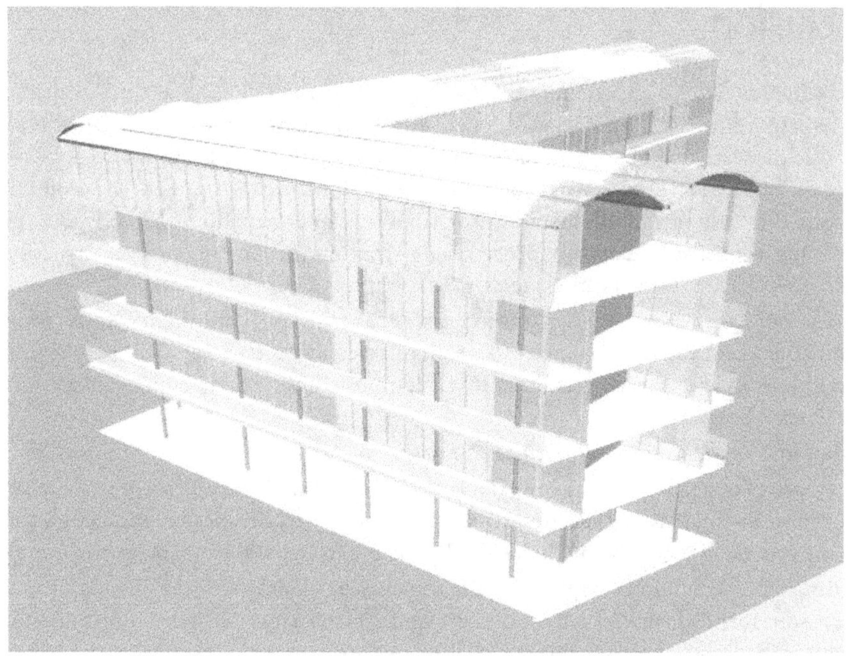

Figure 9. Groupe 3+A : logements

Figure 10. Groupe 4+A : médiathèque

Conclusion

La discipline sciences et techniques pour l'architecture dont les enseignements sont ceux des outils mathématiques et informatiques des écoles d'architecture devrait s'adapter à l'évolution numérique du secteur du bâtiment et centrer ainsi ses apports sur les technologies et savoirs liés au développement du BIM en rapport avec l'enseignement du projet. Les écoles d'ingénieurs ont déjà fait un grand pas en avant sur l'enseignement du BIM. En effet, elles se sentent plus concernées dans un processus lié traditionnellement à la construction. En conclusion, nous identifions cette liste de préconisations :

- Partenariats avec des écoles d'ingénieurs, économistes, contrôleurs sous forme de Séminaires composés de groupes mixtes architectes/ingénieurs réduits pour favoriser les interactions et le temps de travail en fixant les modalités de mise en place des échanges : plateforme, présentiel, à distance.
- Initiation à l'exploitation des données du bâtiment.
- Développer l'enseignement du BIM dès la licence dans un processus progressif de L1 à M2 et le renforcer en HMO MSP simulé sur projet fictif et jeux de rôles : Renforcer les concepts liés aux processus et simulations actives de la collaboration basée sur la maquette numérique.
- Accompagnement numérique aux enseignements par l'élaboration de bases de connaissances sous forme de wiki collaboratif : enseignants/étudiants permettant de mutualiser les ressources en ligne ou sous forme de MOOC ou SPOC pour la promotion des formations de l'école et la qualité des formateurs.

À l'ère du numérique, ces disciplines prennent tout leur sens comme composante indispensable à la réussite du projet. Les outils mathématiques et informatiques deviennent de plus en plus le moteur indispensable pour développer son projet. Leur maîtrise n'est pas un luxe mais une nécessité absolue afin d'éviter les exclusions par méconnaissances de leurs potentialités illimitées.

Le BIM peut être défini comme l'acte de construire (virtuellement) avant de construire afin de gagner en performance sur la réalisation, en efficacité sur le chantier et favoriser une meilleure gestion du bâtiment une fois construit. Il s'agit d'un processus pour la réalisation des études détaillées, la collaboration, la mise à jour et la coordination d'un témoin numérique du bâtiment (maquette numérique) tout au long de son cycle de vie – de sa conception à sa destruction. Les concepts de base du BIM devront être abordés : niveaux de maturité ; niveaux de développement ; l'interopérabilité ; la détection de collisions ; les objets ; la cartographie des processus (*use cases*/cas d'usages du BIM) ; la coordination et le management.

Une sensibilisation des étudiants aux méthodologies et à la qualité dans un processus BIM doit être faite :

- sur les données en entrée : la précision des données topographiques, des données numérisées (nuages de points) et la capacité de leurs interprétations ;
- sur les conséquences prévisibles d'une modélisation partielle ou une collaboration partielle entre les partenaires de la conception d'un projet ;
- sur l'évolution du niveau de détail au cours du projet et son impact sur la conception du projet ;
- sur la prise en compte de la détection de collisions dès la phase de conception, tri et regroupement des collisions pour faciliter leurs résolutions ;
- sur les superpositions de maquettes en présynthèse et gestion des emprunts ainsi que les commentaires ;

- pour sensibiliser les entreprises sur l'intérêt de travailler avec la maquette numérique dès la consultation pour éviter les retards et les désordres sur le chantier ;
- pour éviter les modifications sur le chantier, les erreurs qui restent après la construction.

Crédits

Équipe pédagogique

ENSA Paris-Val de Seine

Olivier Bouet, Nader Boutros, Yann Auger, Tayeb Sehad avec la contribution de Méghane Frigelli étudiante en 5ᵉ année, auteur du mémoire *Le BIM à l'agence*.

ESITC Caen

Marie Bagieu, Peter Ireman, Julien Charton et Jean-Pascal Serre

Étudiants

ENSA Paris-Val de Seine

Stanislas Audibert, Antoine Flory, Alexis Martin, Quentin Martins Dos Santos, Meriem Meziani, Samy Tamine, Riadh Zemni

ESITC Caen

Sabrina Balram, Kimberley Barrieres, Juliette Cadiou, Paul Dumas Milne Edwards, Matthieu Ecuer, Geoffrey Grovel-Usage-Pain, Victor Loyer, Sevan Matcossian, Benjamin Pasquier, Raphaël Roncatti, Clément Rouas, Clément Sabate

Références bibliographiques

HARDIN, B., et MCCOOL, D. *BIM and Construction Management: Proven Tools, Methods, and Workflows*. NJ : John Wiley & Sons, 2015.

KENSEK, K. M. Building Information Modeling, New York : Routledge, 2014.

LEVAN., S. K. *Management et Collaboration BIM*. Paris : Eyrolles, 2016.

RAUCENT, B., VANDER BORGHT, C. *ET AL. Être enseignant : Magister ? Metteur en scène ?* Bruxelles : De Boeck, 2006.

OLOFSSON, T. *ET AL. Open Information Environment for Collaborative Processes Throughout the Lifecycle of Buildings*. InPro Consortium, 2010.

PENNSYLVANIA STATE UNIVERSITY, THE (PENNSTATE). *PennState BIM Project Execution Planning Guide*. University Park, PA, USA. Disponible à l'adresse : http://bim.psu.edu.

CHAPITRE 6

Le BIM face au droit

Morgan LEFAUCONNIER
Doctorante en droit, Université Panthéon-Assas
e-mail : morgan.lefauconnier@gmail.com

Abstract

How does the legal system accommodate the new digital technologies? Is the BIM also a legal revolution, does it imply fundamentals or is it rather an invitation to review them? If some questions are not specific to BIM and do not seem in this respect to disrupt the legal order, they must nevertheless be treated differently taking the new methods of design and realization into consideration. A case in point is intellectual property. Legal innovation must help to answer these issues. The definition of a strategy of operation of the dictionary of properties enters this frame.

Key Words

Copyright, database rights, open data, open licenses.

Résumé

Comment le système juridique accompagne-t-il les nouveaux usages numériques ? Le BIM est-il aussi une révolution pour le droit, implique-t-il une remise en cause de ses fondements ou invite-t-il plutôt à sa relecture ? Si certaines questions sont traditionnelles et ne semblent pas perturbatrices de l'ordre juridique, elles doivent toutefois être traitées différemment c'est-à-dire à l'aune des nouvelles méthodes de conception et réalisation. C'est notamment le cas en matière de propriété intellectuelle. D'autres questions sont inédites et l'innovation juridique doit aider à y répondre. La définition d'une stratégie d'exploitation du dictionnaire de propriétés illustre ce besoin.

Mots-clés

Droit d'auteur, droit des bases de données, ouverture des données, licences libres.

Introduction

Le BIM est une méthode de conception, de réalisation et de suivi des projets de conception et de construction. Au niveau des pouvoirs publics, le BIM est utilisé pour désigner la transition numérique du secteur du bâtiment et travaux publics. Au niveau des acteurs, le BIM se traduit par une évolution des méthodes actuelles qui révolutionne la chaîne de valeur.

Les acteurs principaux d'une part – le maître d'ouvrage, le concepteur, les entreprises et l'exploitant, doivent définir des processus de collaboration autour d'une ou plusieurs maquettes numériques. Une maquette numérique comprend l'ensemble des données du projet et recense toutes les informations sur les différents objets qui composent l'ouvrage : matériels, matériaux, équipements. Outre ces acteurs, les industriels sont également directement concernés par le BIM à travers la mise en place des catalogues électroniques de leurs produits. Ces catalogues référencent les objets de la maquette. Pour que tous les intervenants collaborent efficacement, les données échangées doivent être interopérables. Dans cette perspective, le développement d'un dictionnaire de propriétés est un préalable nécessaire.

Le BIM emporte-t-il aussi des changements d'ordre juridique ? Comment est-il appréhendé par le juriste ? Des éléments de réponse figurent dans le rapport de mission *Droit du numérique & bâtiment* remis par Pican (2016) au président du Conseil supérieur de la construction et de l'efficacité énergétique et au président du Plan Transition Numérique dans le bâtiment (PTNB). Selon ledit rapport, le BIM se situe au croisement du droit du numérique et du droit de la construction. Si l'image a un intérêt pédagogique, un doute subsiste quant à sa valeur épistémologique. En effet, si l'existence du droit de la construction ne peut pas sérieusement être contestée[1], celle du droit du numérique ne jouit pas de la même assise théorique. Le fait qu'il s'agisse d'une discipline récente n'est pas un obstacle pour caractériser l'existence d'une branche du droit. Pour Vivant (*et al.*, 2016), tel que décrit dans *Le Lamy : droit du numérique*, il est possible de présenter le droit du numérique en empruntant la formule utilisée par Guyon (2003) à propos du droit des affaires : « [...] son existence précède son essence ». C'est-à-dire qu'«Avant même d'être conceptualisé, globalisé, ce droit existe, dans les termes où nous l'avons défini, comme inévitable et nécessaire réponse sociale au phénomène de l'informatique. » Vivant se sert ainsi d'un argument existentialiste pour admettre l'existence du droit du numérique : ce droit existe, car il est nécessaire. Pourtant, si le droit est

---

1   En atteste notamment l'existence d'un Code de la construction qui correspond au droit commun de la construction et la mise en place d'un mécanisme spécial de garantie ou de responsabilité émanant de la loi du 4 janvier 1978 dite « loi Spinetta ».

effectivement une réponse sociale nécessaire, le fait social ne se convertit pas *nécessairement* en droit, en règle juridique. Carbonnier (1994) formule cela avec une grande clarté : « le droit n'existant que par la société, on peut admettre que tous les phénomènes juridiques sont des phénomènes sociaux. Mais l'inverse n'est pas vrai ».

Aussi, le numérique, fait social majeur dans la société du xxie siècle dite « société de l'information », ne se convertit pas *nécessairement* en phénomène juridique. C'est bien cette considération que le juriste doit avoir à l'esprit face au BIM : si des ajustements sont nécessaires, ils sont davantage une invitation à relire le droit (Poullet, 1992), à la réappropriation de concepts existants plutôt qu'à une révolution juridique. C'est cette démarche que nous envisageons de suivre à travers l'étude de la maquette numérique sous l'angle de la propriété intellectuelle (1). Pour autant, l'apparition de certains usages en matière de numérique implique également de mener une réflexion nouvelle autour de la donnée et de sa valeur. Pour illustrer cette problématique, nous proposons une analyse enjeux juridiques et stratégiques relatifs à l'ouverture des données du dictionnaire d'objets (2).

1. La maquette numérique sous l'angle de la propriété intellectuelle

La propriété intellectuelle est un ensemble de droits liés à la création et à l'innovation. Elle comprend notamment le droit d'auteur, le droit des brevets d'invention et les marques. Les droits de propriété intellectuelle sont les actifs immatériels d'une entreprise. Toute entreprise quoique ce soit sa taille est concernée par ce moyen de valorisation.

Cet enjeu n'est pas nouveau dans le domaine de la conception d'ouvrage (I.1) mais, la perception de la propriété intellectuelle et le traitement qu'il convient de lui apporter évoluent sous l'effet du BIM (I.2).

1.1. La propriété intellectuelle dans une opération classique

Dans le secteur de la conception et de la construction, le droit d'auteur protège l'œuvre architecturale. Celle-ci fait partie de la liste des œuvres de l'esprit énumérées par le Code de la propriété intellectuelle (CPI) au même titre que les plans, croquis et maquettes. Cette liste n'est pas limitative. Pour accéder à la protection par le droit d'auteur, la création formalisée doit être originale. Traditionnellement, la condition d'originalité est définie comme la marque, la trace, l'empreinte de la personnalité du créateur dans l'œuvre. C'est parce que l'architecte est en théorie l'acteur le plus à même d'exprimer sa personnalité dans le projet qu'il est le plus souvent auteur. Toutefois, il n'existe pas de limite a priori à ce qu'un ingénieur, un paysagiste ou un maître d'ouvrage soit auteur de l'œuvre architecturale.

Les plans qui ont uniquement pour objet de traduire graphiquement des calculs théoriques et qui appliquent des règles techniques et des lois physiques ne remplissent pas la condition d'originalité. La protection par le droit d'auteur leur est alors fermée. De même, lorsque les plans consistent en la simple traduction graphique de calculs purement théoriques et structurels. En revanche, l'existence de contraintes imposées n'est pas un obstacle à l'originalité.

Au titre du droit patrimonial, l'auteur dispose d'un droit de propriété incorporel et opposable à tous sur les plans qu'il a réalisés. Parmi ces droits, figure le droit de reproduction exclusif qui permet la réutilisation et l'exécution répétée d'un plan ou d'un projet type. En conséquence, la reproduction et la réutilisation de plans sont illicites et peuvent donner lieu à des poursuites pénales si elles sont effectuées sans l'autorisation de leur(s) auteur(s) ou s'il n'a pas pu être apporté la preuve d'une cession des droits attachés aux plans.

Or, le contrat de louage d'ouvrage n'emportant pas transfert des droits patrimoniaux, la gestion contractuelle des droits d'auteur est nécessaire pour une exploitation licite des plans. En outre, au nom du principe de l'indépendance de la propriété intellectuelle de l'œuvre et de la propriété corporelle de son support matériel[1], le maître d'ouvrage n'est pas fondé à se prévaloir de ce qu'il a acquis la propriété des supports matériels (plans, maquettes, ouvrage bâti, équipements…) pour opposer l'article 544 du Code civil à l'exercice des droits de l'auteur sur son œuvre[2].

Pour cette raison, le cahier des clauses administratives générales applicable aux prestations intellectuelles (CCAG-PI) prévoit deux options attachées au sort des droits de propriété intellectuelle sur les résultats de l'exécution du marché. La première, l'option A, correspond à la concession des droits. Elle permet au maître d'ouvrage d'utiliser les résultats pour les besoins du marché. La seconde, l'option B, vise la cession des droits qui confère au maître d'ouvrage la titularité des droits patrimoniaux sur les résultats du marché.

1.2. Les évolutions induites par le BIM

Le numérique induit des évolutions au niveau de la propriété intellectuelle parce qu'il rend possible la réunion de données hétérogènes sur un support unique. Cette capacité intégrative du numérique permet de créer un objet nouveau, la maquette numérique, susceptible de recevoir plusieurs qualifications et partant, de faire l'objet de différents modes de protection. Dans ce nouveau contexte, il convient d'étudier la protection par le droit d'auteur d'une part puis la protection par le droit des bases de données d'autre part.

1.2.1. Le droit d'auteur

Le droit d'auteur étant indifférent à la forme d'expression, les principes applicables aux plans papier sont transposables à la maquette numérique. Celle-ci est protégée par le droit d'auteur parce qu'elle constitue une œuvre en tant que telle si elle remplit la condition d'originalité. Cela ne pose pas de difficulté selon Pican (2016) pour qui « la maquette numérique est originale, car elle a vocation à s'appliquer à un projet immobilier donné ». La difficulté est que cette originalité, parce qu'elle constitue la trace de la personnalité de l'auteur, doit être le fait d'une personne physique. C'est la conception personnaliste du droit d'auteur français. Aussi, la question se pose de savoir dans quelle mesure l'outil informatique a une incidence sur la création architecturale.

Par exemple, la conception du musée Guggenheim à Bilbao par Franck Gehry s'est faite à l'aide du logiciel Catia de Dassault Systèmes. Avec son équipe, l'architecte a d'abord conçu la maquette réelle puis s'est servi du logiciel pour numériser et produire les documents nécessaires à la réalisation. Dans cette configuration, l'outil informatique a assisté la création mais ne l'a pas présidée. Lorsque la maquette numérique n'est pas seulement un outil de produc-

---

1 CPI, Art. L. 11-3.
2 Pour une affaire où le principe a été réaffirmé voir cour d'appel de Versailles, le 15 novembre 2001, société GlaxoSmithKline c/ Bernard Grenot et Agence Bernard Grenot.

tion de documents graphiques (plans, coupes, perspectives, élévation…) mais également un outil de conception, la trace de la personnalité de l'auteur semble a priori moins évidente. Pour la déceler, il convient de s'interroger sur la part d'arbitraire dans la conception. La modélisation peut s'opérer à partir d'une bibliothèque d'objets paramétrés dans des logiciels métiers. Ces objets ne permettent donc pas de s'affranchir de la standardisation. La standardisation empêche-t-elle de faire acte d'originalité ? Il est possible de répondre en invoquant le fait que, « la créativité s'exprime alors dans la mise au point de ces modèles paramétriques » (Guéna et Lecourtois, 2012). Dès lors, si la maquette numérique est une œuvre protégée par le droit d'auteur, il convient de déterminer contractuellement les titulaires des droits.

À défaut de mention contractuelle, le CPI reconnaît trois types d'œuvres : l'œuvre collective, l'œuvre de collaboration, et l'œuvre dérivée, pour lesquelles la création a suscité le concours de plusieurs auteurs. À chacune correspond un régime juridique qui lui est propre. Or, ces qualifications légales ne permettent pas suffisamment d'appréhender la réalité du processus de création d'une maquette numérique[1].

En sus de la protection de la maquette dans son ensemble, les données elles-mêmes peuvent être protégées par le droit d'auteur. Bénéficient potentiellement de cette protection les données exprimant la représentation graphique de l'ouvrage. Au-delà, le droit le droit d'auteur n'est plus le mode de protection essentiel, le droit des bases de données occupe dorénavant une place importante.

1.2.2. Le droit des bases de données

L'immatériel, soit l'objet du droit du numérique, n'est pas une nouveauté pour le droit : le droit de la communication, le droit de la propriété intellectuelle ont des objets immatériels. La spécificité du numérique est d'accroître la valeur de l'immatériel compte tenu des possibilités de traitement que la technologie permet. Pour répondre aux enjeux économiques représentés par la collecte, la numérisation et l'exploitation des données le législateur européen a créé un droit sui generis, c'est-à-dire indépendant des catégories préexistantes du droit de la propriété intellectuelle pour protéger l'investissement du producteur d'une base de données.

Or, la maquette numérique peut aussi être qualifiée de base de données. En effet, elle répond à la définition de l'article L. 112-3 du CPI selon lequel, « on entend par base de données un recueil d'œuvres, de données ou d'autres éléments indépendants, disposés de manière systématique ou méthodique et individuellement accessible par des moyens électroniques ou par tout autre moyen ».

Dès lors, si le producteur de la base de données atteste d'un investissement substantiel en vue de la collecte, la vérification ou la présentation des données, il bénéficie de plusieurs droits et notamment celui d'interdire l'extraction d'une partie substantielle du contenu de la base. De manière générale, le producteur pourra contrôler les conditions d'utilisation de la base de données.

En conclusion, compte tenu de la place importante des droits de propriété intellectuelle dans un projet BIM, les options A et B des CCAG conservent leur intérêt. Mais, alors que la cession exclusive des droits sur les résultats ne rencontrait pas de réelle difficulté hier, il est probable que les choses évoluent avec lorsqu'il est envisagé de livrer une maquette numérique. En effet, une entreprise qui créé ses modèles peut souhaiter les réutiliser au-delà du projet

---

1   Voir le livrable MINnD relatif aux aspects juridiques du BIM (thème 4).

dans l'objectif de les faire évoluer en interne pour ses propres besoins. Aussi, il conviendra de prêter une attention particulière à la rédaction des clauses de propriété intellectuelle afin qu'elles satisfassent les intérêts de tous les acteurs. Un autre élément à prendre en compte si une le contrat prévoit une cession des droits : la vérification que l'entreprise cessionnaire n'enfreigne pas les droits des tiers. Autrement dit, il convient de garantir la licéité de la chaîne des droits qui préside à la création d'un outil comme la maquette numérique. Celle-ci fait intervenir de nombreux intervenants pouvant revendiquer les droits sur tout ou partie d'un élément protégé. Pour éviter les conflits, il convient de contractualiser les relations entre les différents acteurs le plus en amont possible et au fur et à mesure de la création.

2. L'exploitation du dictionnaire d'objets : l'ouverture des données

Pour les besoins de collaboration et dans un objectif d'« openBIM », les mécanismes de réservation des données numériques par les droits de propriété intellectuelle doivent s'articuler avec des stratégies d'ouverture des données.

Dans le cadre de PPBIM et de l'expérimentation relative à la norme XP P07-150 lancée par le PTNB en avril 2016, un marché a été conclu en vue notamment d'élaborer une bibliothèque de modèles d'objets génériques et un dictionnaire de propriétés. Le dictionnaire rassemble un ensemble de propriétés qui décrivent des informations. La phase d'expérimentation actuelle consiste à élaborer un langage à partir de normes déjà existantes, langage qui sera utilisé par l'ensemble des acteurs de la filière. Aussi, dans le cadre de cette expérimentation, les experts recensent des propriétés d'objets qui sont des propriétés normalisées et structurent des éléments déjà existants.

Les questions juridiques autour de la mise en place de cette base de données sont nombreuses. En effet, la mise en place dudit dictionnaire implique de déterminer la nature juridique des données en jeu.

C'est bien un exercice de qualification qu'il convient d'entreprendre afin de situer le projet dans le cadre juridique adéquat. Plus précisément, il s'agit d'abord de savoir si le régime général des données publiques[1] s'applique (II.1). Si tel n'est pas le cas, soit si les données en question ne sont pas publiques, leur ouverture et leur libre réutilisation devraient tout de même être sérieusement envisagées (II.2).

2.1. Qualification des données et régime juridique applicable

Il n'existe pas de définition juridique des données. Ce silence ne présume pas l'absence de règles juridiques. En droit, on peut distinguer deux typologies de données, les données publiques d'une part et les autres données d'autre part. Outre la différence de régime applicable qui découle de cette dichotomie, l'enjeu de la distinction est important puisqu'il détermine les scénarios de valorisation envisageables (open data versus marchandisation).

---

1 Le régime général des données publiques se distingue des régimes spéciaux tels que ceux applicables à certaines données publiques comme les données géographiques, données énergétiques...

La notion de donnée publique a été initialement appréhendée par la loi du 17 juillet 1978[1] qui a défini les documents administratifs et leur régime. Cette loi, récemment abrogée par la loi pour une République numérique[2], est désormais codifiée aux articles L.300-1 et suivants du Code des relations entre le public et l'administration. Aussi, c'est vers lui qu'il convient de se tourner pour appréhender l'information publique. Dès lors, au regard de l'article L.300-2 dudit Code, la donnée publique peut être définie comme l'information contenue dans tout document produit ou reçu par une personne agissant dans le cadre d'une mission de service public. La personne peut être l'État, une collectivité territoriale, un établissement public administratif ou une personne privée. Autrement dit, pour qu'une donnée soit qualifiée de publique, il faut qu'elle soit produite ou reçue en lien avec une fonction de service public, c'est-à-dire dans l'accomplissement d'une mission qui satisfait à l'intérêt général.

Le Code des relations entre le public et l'administration prévoit le libre accès des données publiques, leur libre réutilisation y compris à des fins privées et commerciales et la gratuité de ces actes. Toutefois ces principes ne sont pas absolus.

Concernant le principe de libre réutilisation, celui-ci est d'abord écarté en présence de droits de propriété intellectuelle des tiers (droits d'auteur et droit sui generis des bases de données). Il l'est ensuite, en cas de cession exclusive du droit à réutilisation. Une telle cession est rarement admise puisque, par principe, les données publiques ne doivent pas profiter à un seul mais à tous les tiers potentiellement intéressés. La cession exclusive du droit à réutilisation est donc envisageable dans deux cas : lorsque la mission d'intérêt général ne peut être menée à bien que si le prestataire bénéficie de l'exclusivité et en cas de numérisation des ressources culturelles. L'exclusivité est alors accordée pour une durée maximale de dix ans et est réexaminée tous les trois ans.

Concernant ensuite la gratuité, le principe connaît des aménagements puisqu'il arrive que certaines données publiques soient payantes. Dans ce cas, le montant de la redevance d'utilisation est plafonné, celle-ci ayant pour objet de couvrir les frais de gestion ayant trait à la base de données. En outre, comme le rappelle le rapport Trojette (2013), soit le premier grand rapport sur ce dispositif législatif : « Les coûts marginaux inhérents à la diffusion des informations sur les plateformes peuvent éventuellement être couverts par une redevance, sous réserve qu'elle ne constitue ni un frein à la réutilisation ni une barrière à l'entrée des réutilisateurs ».

En l'espèce, les données sont produites dans le cadre d'un marché public qui s'inscrit dans le PTNB porté par le gouvernement. Le lien avec l'intérêt général peut s'établir en suivant cette orientation.

Toutefois, le doute subsiste notamment en raison du silence du *cahier des clauses administratives particulières* quant aux modalités de réutilisation de données. Pour cette raison, si la qualification de données publiques était écartée, nous serions face à des données soumises au droit commun. Dans ce cas, la personne publique pourra les mettre à disposition des réutilisateurs à condition qu'elle signale clairement la présence de droits de propriété intellectuelle sur les données et indique l'identité des propriétaires pour permettre aux réutilisateurs d'entrer en contact avec eux s'ils souhaitent exploiter les données.

Quoi qu'il en soit, au regard des ambitions portées par PPBIM et des perspectives de valorisation que permet l'open data, l'ouverture des données du dictionnaire est un choix stratégique opportun.

---

1   Art. 1, loi n° 78-753 du 17 juillet 1978.
2   Loi n° 2016-1321 du 7 octobre 2016 pour une République numérique.

2.2.   Stratégie d'ouverture des données

L'ouverture des données est un phénomène qui s'analyse à tous les niveaux et vers lequel tous les acteurs convergent. C'est ce qu'illustre, par exemple, l'évolution de la politique en matière de données énergétiques. Dans ce domaine, en effet, les initiatives locales ont été nombreuses dans un premier temps. L'action de la Métropole de Lyon et celle de la plateforme Smart Data, lancée en 2013, sont symptomatiques de cette tendance. Smart Data rassemble les données du Grand Lyon et de ses partenaires pour la plupart en open data. Plusieurs projets ont vocation à s'appuyer sur cette plateforme dessus pour créer de nouveaux services citoyens et accompagner le développement économique local. Dans ce second temps, le législateur est intervenu pour unifier ces pratiques locales. Aussi, la loi de transition énergétique pour la croissance verte du 17 août 2015 renforce le mouvement d'ouverture des données de consommation en imposant aux gestionnaires de réseaux de la mise à disposition de ces données. Poursuivant cette même ambition, la loi pour une République numérique prévoit l'ouverture des données détaillées des consommations et production de gaz[1].

L'open data s'accompagne du développement d'approches juridiques dites « ouvertes » comme les licences libres. Les licences décrivent les conditions dans lesquelles le producteur de l'information rend disponible l'information. Même dans le cas où les données ne sont pas protégées par un droit (droit d'auteur, droit *sui generis* du producteur de base de données), il est recommandé de les diffuser accompagnées d'un contrat de licence. En effet, la licence permet aux utilisateurs de connaître l'origine des données, savoir si elles ont été modifiées et de connaître toutes les modalités de réutilisation autorisées. Si la licence n'est pas obligatoire, elle est fortement conseillée, car elle est un gage de confiance pour les utilisateurs.

Le choix d'une licence libre n'est pas neutre. Il doit être fait en considération de l'objectif assigné à la politique open data mise en place. Dans cette perspective, il convient de distinguer au sein des licences libres, les licences dites « *share alike* » des licences dites « permissives ». Les premières obligent à partager les résultats obtenus à partir des données utilisées. Elles permettent d'éviter une réappropriation des données ouvertes et contribuent ainsi à bâtir un fonds commun de collaboration (par exemplee : CC BY-NC-SA). Le second type de licence s'inscrit dans une philosophie différente puisque les bases de données dérivées (*i. e.* les créations issues assimilables à des bases de données dérivées) de la base d'origine ne sont pas nécessairement licenciées sous la même licence. Le caractère libre n'est donc pas pérennisé. Mais, le risque de l'open data est la réappropriation de données par le biais des droits de propriété intellectuelle. Pour éviter que l'open data ne soit détourné dans son principe et sa philosophie, il convient de garantir la traçabilité des données. Il est possible d'entrevoir dans la technologie *blockchain* une solution pour garantir cette traçabilité.

Actuellement les licences libres les plus utilisées pour la diffusion des données sont au nombre de trois : la licence ouverte (LO) de la mission Etalab[2], l'open Database License[3] (ODbL) qui est l'équivalent de la licence LO au niveau de l'Union européenne, et les licences Creative Commons[4].

---

1   Art. 24, loi n° 2016-1321 du 7 octobre 2016 pour une République numérique.

2   Exemple d'utilisation : les jeux de données présents sur la plateforme data.gouv.fr.

3   Exemple d'utilisation : OpenStreetMap.

4   http://creativecommons.fr. Exemple d'utilisation : Wikipédia utilise la licence CC BY-NC-ND : pas d'utilisation commerciale, pas de modification.

L'open data profite aussi bien aux données publiques qu'aux données privées. En effet, « Favoriser la réutilisation des données publiques ou privées c'est permettre à la communauté des développeurs et des entrepreneurs de leur inventer de nouveaux usages. C'est donc encourager l'innovation, et contribuer au développement des secteurs stratégiques d'avenir, de l'économie numérique ou du développement durable » (Bertin, Lacombe, *et al.*, 2011). La donnée a en général peu de valeur en soi. Sa valeur d'utilité réside dans sa capacité à être reliée à d'autres données indépendamment de la finalité de la collecte initiale. La création de boucles de valeur positives à chaque utilisation ou réalisation de la donnée permet la création de valeur. Cette valeur réside donc dans l'usage et la réutilisation. C'est pourquoi la donnée doit circuler pour produire la valeur ajoutée. Pour cette raison, dans le modèle *freemium*, la donnée est gratuite et les services autour, qui facilitent le flux de données, sont payants. Plus précisément, le modèle *freemium* repose sur la combinaison de deux offres. La première, gratuite, porte sur l'accès aux données de la plateforme ainsi que des services restreints. Si l'utilisateur souhaite bénéficier d'une offre élargie, de services enrichis, il doit souscrire à l'offre payante, soit la seconde offre. Aujourd'hui, il ne se crée pas de service à partir du livrable papier. Aussi, le développement d'un dictionnaire de propriétés et d'une bibliothèque de modèles d'objets génériques BIM constitue une vraie rupture.

En conclusion, face au BIM, le juriste doit être à la fois mesuré et innovant. Mesuré, car les nouveaux usages numériques ne sont pas nécessairement perturbateurs des usages contractuels. Innovant, car le numérique induit des nouvelles formes de collaboration et accroît le potentiel de valorisation des actifs immatériels. Dès lors, le juriste participe à l'élaboration de la stratégie numérique des entreprises et définit l'équilibre entre réservation des données et partage. Dans cette perspective, les biens communs et les licences libres constituent un mode alternatif de diffusion des œuvres protégées par un droit de propriété intellectuelle dans la mesure où le titulaire des droits consent par avance à la reproduction et à la diffusion sur les réseaux.

Références bibliographiques

BELLENGER, A.-M., BLANDIN, A. *Le BIM sous l'angle du droit : pratiques contractuelles et responsabilités*, Paris : Eyrolles/CSTB, 2016.

BERTIN, P.-H., LACOMBE, R., VAUGLIN, F., VIEILLEFOSSE, A. *Pour une politique ambitieuse des données publiques*. Paris : École des Ponts ParisTech, 2011.

BOURCIER, D., DE FILIPPI, P. *Open Data & Big Data : nouveaux enjeux pour la vie privée*. Paris : Mare & Martin, 2016.

CARBONNIER, J. *Sociologie juridique*. Paris : PUF, 1994.

DULONG DE ROSNAY, M. Propriété intellectuelle. In : COMMISSION NATIONALE FRANÇAISE DE L'UNESCO, *Glossaire critique sur la diversité culturelle à l'ère du numérique*, FRAU-MEIGS, D., KIYINDOU, A. (eds.) Paris : La Documentation française, 2015.

GROUPEMENT FRANÇAIS DE L'INDUSTRIE DE L'INFORMATION. *Marchés publics et droits de propriété intellectuelle : comment gérer la propriété intellectuelle dans le cadre des marchés publics ?* [guide pratique rédigé à la demande du ministère de l'Équipement, du Logement et des Transports]. 2003.

GUENA, F., LECOURTOIS, C. Un séminaire de recherche sur le numérique et la conception architecturale à l'ENSA Paris-la Villette. *DNArchi*. 2012.

GUYON, Y. *Droit des affaires*. Paris : Economica, 2003.

HUET, M. *L'Architecte auteur : pratiques quotidiennes du droit d'auteur en architecture, paysage et urbain*. Paris : Le Moniteur, 2006.

PICAN, X. *Droit du numérique & bâtiment* [rapport de mission]. 2016.

POULLET, Y. Les aspects juridiques du système d'information. *Lex Electronica*, 2006. vol. 10, n° 3.

POULLET, Y. La technologie et le droit : du défi à l'alliance. In : AUTENNE, J., POULLET, Y. *ET AL. Liber amicorum Guy Horsmans*. Louvain-la-Neuve : Bruylant, 2004.

POULLET, Y. Le droit de l'informatique existe-t-il ? In : *Le Droit des communications : bilan et perspectives*. Actes de l'atelier organisé dans le cadre des 14es journées internationales de l'IDATE, Montpellier, 20 novembre 1992.

TROJETTE, M. A. *Ouverture des données publiques : les exceptions au principe de gratuité sont-elles toutes légitimes ?* [rapport au Premier ministre]. Paris : La Documentation française, 2013.

VIVANT, M., *ET AL. Le Lamy : droit du numérique*. Paris : Lamy, 2016.

VIVANT, M., LUCAS, A. Absence d'autonomie du droit de l'informatique. *Chronique Droit de l'informatique*, JCP E 1986, I, n° 15106.

WARUSFEL, B., Le droit des nouvelles technologies : entre technique et civilisation. In : *La Lettre de la rue Saint-Guillaume*. Paris : Association des anciens élèves de Sciences Po, 2002, n° 127.

Data Dictionary

Contribution to a Data Dictionary for Infrastructures: The Bridge Field

Bertrand CAUVIN, Pierre BENNING

CEREMA – Bouygues Travaux Publics

e-mail: bertrand.cauvin@cerema.fr

Abstract

A Bridge data dictionary contains an exhaustive list of terms used in the field of bridges. These terms are classified in systems in order to avoid any lacks, to identify all the expected object attributes, and to allow machines to understand the associated concepts.

The main objectives of a Bridge data dictionary are many: ensure the sustainability of information over time; facilitate information exchange between the actors of the same project; ensure interoperability between the software packages.

But others objectives have been reached during the process: test a working methodology to be applied by other infrastructure domains (roads, rails, tunnels…); check the current functions and capabilities of the buildingSMART Data Dictionary platform; define a common term list, in order to facilitate standardization and IFC Bridge classes' development.

Key Words

IFC, bridge, data dictionary, infrastructure, interoperability, BIM.

Résumé

Un dictionnaire de données Bridge contient une liste exhaustive des termes utilisés dans le domaine des ponts. Ces termes sont classés dans les systèmes afin d'éviter tout manque, d'identifier tous les attributs d'objets attendus et de permettre aux machines de comprendre les concepts associés.

Les principaux objectifs d'un dictionnaire de données Bridge sont nombreux : assurer la durabilité de l'information au fil du temps ; faciliter l'échange d'informations entre les acteurs du même projet ; assurer l'interopérabilité entre les progiciels.

Mais d'autres objectifs ont été atteints pendant le processus : tester une méthodologie de travail à appliquer par d'autres domaines d'infrastructure (routes, rails, tunnels…) ; vérifier les fonctions et les capacités actuelles de la plateforme du dictionnaire de données building-SMART ; définir une liste de termes communs, afin de faciliter la normalisation et le développement des classes de IFC Bridge.

Mots-clés

IFC, ouvrage d'art, dictionnaire de données, infrastructure, interopérabilité, BIM.

Introduction

The purpose of a dictionary is to speak the same language, to avoid confusion. A specialized dictionary includes words in specialist field, rather than a complete range of words in the language. Lexical items that describe concepts in specific fields are usually called "terms" instead of "words".

The aim of our contribution is to create a multilingual data dictionary in the field of bridges. This specialized data dictionary will be a library of terms or objects dedicated to bridges, and their attributes, which maps relationships between objects as well as their property definitions.

This data dictionary enables to:

- ensure the sustainability of information over time (using standardized terms derived from a common frame of reference), considering the life cycle of an infrastructure lasting decades;
- facilitate information exchange between the actors of the same project (naming conventions, concept definition, work units…);
- ensure interoperability between the software packages (authoring and simulation tools) and in particular to better define systems composed of a collection of objects.

The BIM environment (Building Information Modeling) is already adopted in the building sector, and there is a real need in the civil engineering sector. For our purpose, the data dictionary is a document related only to the Bridge concept definition. This data dictionary gathers bridge elements with their English and French translation, their descriptions, their hierarchical links and their characteristics. The aim of that data dictionary is to define, in a first step, bridge elements to describe typical bridges, and, in a second step, exceptional bridges (suspension bridges, cable-stayed bridges, moveable bridges…)

This initiative uses several existing documents to provide the Bridge Data Dictionary. These existing documents are mainly terms oriented, often arranged alphabetically. Our purpose is to gather these terms in systems (load-bearing system, carrying system, crossed system…) in order to avoid any lacks, to identify all the expected object attributes, and to allow machines to understand the associated concepts. Furthermore, it could be considered more as a classification than a dictionary, because of its system organization.

The challenge is to make this data dictionary precise, exhaustive and comprehensive. Its comprehensiveness will be validated by an international expert panel. This dictionary will be integrated in the Data Dictionary of buildingSMART.

Our workgroup on that project is composed of engineers from civil engineering and construction companies such as Bouygues Travaux Publics and EGIS, software companies such as Vianova, or firms of engineering consultants specializing in civil engineering such as Servicad, and public scientific centers such as the CEREMA and the CSTB. Thus, this diversity of skills and experiences is the guarantee of the quality of the work.

1.   Resource documents

We selected some existing documents in order to have a solid basis to create the Bridge Data Dictionary. To do so, we had first to define a structured framework with the precise properties of each object that need to be completed. That is the reason why we have chosen a standard that defines a harmonized reference. Then, to fill the data dictionary, we started from a grouping of bridge objects classified hierarchically (in systems). In a second step, we used the classification system of buildingSMART Data Dictionary. Indeed, our aim is to transfer automatically all our bridge objects to that data dictionary.

In these domains, the following documents are references.

1.1.   Dr. Stuart Chen's Data Dictionary

Dr. Stuart Chen is an experienced US researcher and instructor in applications of emerging information technologies to bridge engineering. He is a professor at Buffalo University in the state of New York. He provided us his work on the data dictionary of bridge elements. His dictionary gathers different elements of bridges, from the study phase to the construction of a bridge. Each object attribute belongs to a group and the links between the different attributes clearly appears. This document contains exclusively English terms with no properties.

	A	B	C	D	E
	Information Groups	Information Items	Attribute Sets	Attributes	1.1 bridge concept design
441	Bridge substructure	Wall pier	Location	Station at wall pier location	
442				Skew angle at wall pier location	
443				Elevation at the upper left corner	
444				Elevation at the upper right corner	
445			Dimensions	Wall pier thickness	
446				Wall pier depth	
447				Wall pier width	
448				Fillet radius	
449			Material	Wall pier material designation	
450			Properties	Drilled shaft name	
451				Drilled shaft description	
452				Drilled shaft type	
453				GUID	
454			Location	Station at drilled shaft location	
455				Skew angle at drilled shaft location	
456				Elevation at the top of drilled shaft	
457				Elevation at the bottom of drilled shaft	
458				Drilled shaft section	
459				Drilled shaft diameter	
460		Drilled shaft	Dimensions	Drilled shaft width	

Figure 1. Extract from Dr. Stuart Chen's Data Dictionary

That document is a good starting point because it already contains more than 1.600 objects with their hierarchical links. However, it deals mainly with US bridges, made of steel. Therefore, it has to be improved and completed with concrete bridge objects, currently carried out in Europe.

Our first work was to check if the US terms have a French equivalent, and if US concepts could be applicable to France.

In addition to this document, some other references have been checked: a "proposed UNIFORMAT II Classification of Bridge Elements" delivered by NIST (Kasi and Chapman, 2011), and "Bridge Management in Europe," delivered by BRIME (2001).

1.2.   AFNOR's XP P07-150 standard

« XP P07-150 : Propriétés des produits et systèmes utilisés en construction – Définition des propriétés, méthodologie de création et de gestion des propriétés dans un référentiel harmonisé. », AFNOR, décembre 2014.

AFNOR association makes up, with its subsidiaries, an international group that aims to serve the general interest and economic development of organizations. This association provides standardizations and certifications.

The XP P07-150 standard is an experimental French standard. As there is no other document of that kind in an international level, this document is the reference used to create our Bridge Data Dictionary. However, this standard is on the verge to become a European and international standard. It is not a data dictionary! It describes a standardization method of properties related to products and methods used in construction industry. This document defines and manages properties related to each object of a data dictionary, and a list of attributes for each property, such as its mandatory nature, list of values…

Thus, each object of the data dictionary of bridge terms has the following properties:

- unique identifier: a character related to a single object, which is convenient to precisely identify it;
- English name;
- description in English;
- French name (or another language);
- description in French (or another language);
- visual representation;
- creation date;
- country where the object is used;
- nature of the group: domain, class or group of properties depending on the hierarchy level of the object;
- group of properties: the name of the group in which the object is, for an object at the bottom of the hierarchy level;
- relationship between groups: the name of the group in which the object is (parent) and the names of the groups included in it (child), for an object which is not at the bottom of the hierarchy level;
- type: kind of value (integer, real, character…);
- cardinality: number of values to describe the object. for example, three values are required for coordinates;
- physical values: length, speed…;
- unit ;
- threshold values.

In our data dictionary spreadsheet, the terms representing groups have been colored in grey whereas the other one stayed uncolored in order to easily distinguish the hierarchy between the objects.

General Information	Gather the general information of fabrication of a bridge	Informations générales	Regroupe l'ensemble des informations générales de		Active	2015-03-17T17:36:14+01:00:00
Fabrication type	Type of the fabrication	Type de fabrication	Type de fabrication		Active	2015-05-17T17:44:45+01:00:00
Bridge information	Gather the information of a bridge layout	Informations du pont	Regroupe l'ensemble des informations concernant la disposition du pont		Active	2015-03-17T17:46:24+01:00:00
Bridge layout	The way the pieces of the bridge are arranged	Disposition du pont	Manière dont les éléments du pont sont disposés		Active	2015-03-17T17:49:56+01:00:00
Sloping length between field splices	Distance between two consecutive field splice	Distance selon le profil entre couvre-joints	Distance suivant l'axe de l'ouvrage entre deux couvre-joints consécutifs		Active	2015-03-18T11:41:21+01:00:00
Sloping length between cross frames	Longitudinal distance between two consecutive cross frames	Distance entre raidisseurs	Distance longitudinale séparant deux raidisseurs consécutif		Active	2015-05-18T11:43:54+01:00:00
Grade at begin abutment	Slope along the bridge axis at begin abutment	pente longitudinale à la culée de début	Pente suivant l'axe de l'ouvrage au niveau de la culée initiale		Active	2015-03-18T13:23:46+01:00:00
Grade at end abutment	Slope along the bridge axis at end abutment	pente longitudinale à la culée de fin	Pente suivant l'axe de l'ouvrage au niveau de la culée finale		Active	2015-03-18T13:25:21+01:00:00
Grade at pier	Slope along the bridge axis at a pier	Pente au niveau d'une pile	Pente suivant l'axe de l'ouvrage au niveau d'une pile		Active	2015-03-18T13:26:48+01:00:00

Figure 2. Extract of our data dictionary

The following figure shows the objects describing one load-bearing structure of a bridge. The other parts of bridges can also be described with a collection of standardized objects, gathered in subgroups. This figure illustrates the needed breakdown describing a common pier: all objects are defined in the data dictionary with their attributes.

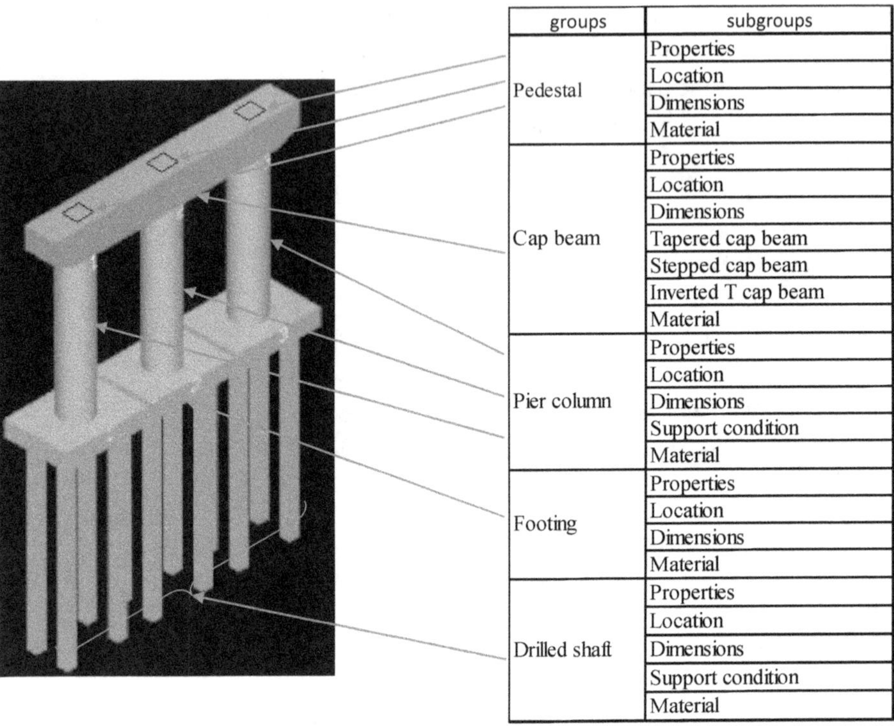

groups	subgroups
Pedestal	Properties
	Location
	Dimensions
	Material
Cap beam	Properties
	Location
	Dimensions
	Tapered cap beam
	Stepped cap beam
	Inverted T cap beam
	Material
Pier column	Properties
	Location
	Dimensions
	Support condition
	Material
Footing	Properties
	Location
	Dimensions
	Material
Drilled shaft	Properties
	Location
	Dimensions
	Support condition
	Material

Figure 3. Example of objects describing a pier and their subgroups

1.3.   The buildingSMART Data Dictionary (bSDD)

BuildingSMART (bSDD), an international organization in charge of IFC development and promoting BIM, provided us the working platform: bsdd.buildingsmart.org. Therefore, our working group will be able to create a library of objects with their attributes in a formal way. The interest of that tool is its openness and international aspect. Besides, its automatic rule checking prevents miscommunication and data duplication.

We have chosen to complete the data dictionary according to the AFNOR's XP P07-150 standard and then to adapt it to the bSDD's shape (Catenda). The final aim is to create the data dictionary on an international tool in order to reinforce our visibility and credibility. Indeed, we needed to create some objects in a bSDD sandbox to understand this tool.

So far, this platform contains mainly objects dedicated to the building sector. These objects were not validated by an international expert panel. And the platform does not provide any flow or tracking functions to follow new input, changes or request for change. Therefore, this platform really needs to be improved, but it is the most current operational existing tool.

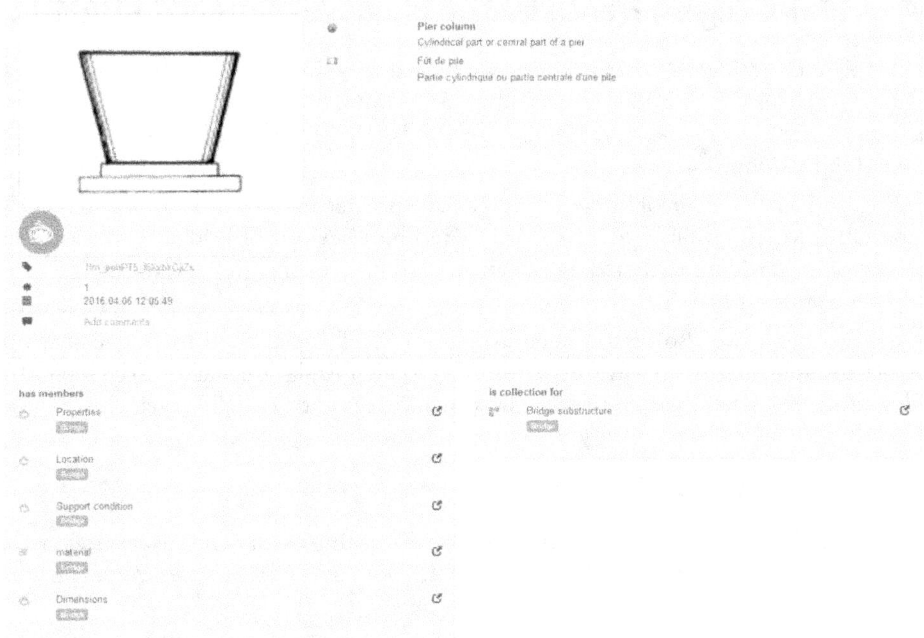

Figure 4. An object as it appears in the bSDD

As it could be seen on this figure, a page clearly presents each object with its name, definition, representation, its type and its hierarchical links to the other objects.

Some properties have to be made more explicit. For instance, the characteristic "Width of a bridge deck" could have different meanings, according to its use (operational width or overall width).

Moreover, the schema must be accurate to avoid any confusion. For instance, the representation of a chamfer could be defined by two lengths "a & b" (see 1, figure 4) or a length and an angle "a & α" (see 2, figure 4). As there is not possibility to add any comments next to a characteristic, the second definition is the more appropriate. Besides, we must find a way to clarify on which side the length "a" is applied (compare 2 et 3 on figure 4).

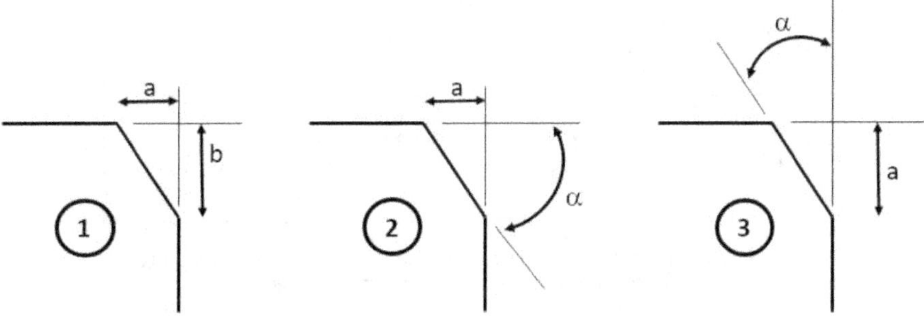

Figure 5. Several representations of a chamfer

1.4. SETRA English-French lexicon of bridge terms and CHAMOA

To complete the Bridge Data Dictionary, we helped us with other documents such as an English-French lexicon of bridge terms and nomenclatures of parts of bridge: *Lexique relatif à la construction des ouvrages d'art* (Oudin and Tardy, 1997) and *Dictionnaire de l'entretien routier* (ONR, 1996).

The English-French lexicon of bridge terms is a reference document written by the DTecITM of the CEREMA (previously SETRA). It is a technical lexicon of bridge terms, arranged alphabetically, providing accurate English-French and French-English translations. It is often used in the bridge field.

On another hand, we also used a document from SETRA dedicated to Bridge structure analysis: the user guide of CHAMOA, a dedicated tool for Bridge calculation. The input data of this structure analysis tool specifies us the semantics expected to define each object.

1.5. Visual representation

To illustrate the terms, we used another couple of existing documents: *Nomenclature des parties d'ouvrages d'art métalliques* (LCPC/SETRA, 1986) and *Nomenclature des parties d'ouvrages d'art en béton armé et précontraint et en maçonnerie* (LCPC/SETRA, 1976).

The nomenclatures of parts of bridge consist in two documents. One is related to reinforced concrete bridges, prestressed concrete bridges and stone bridges. The other one is related to metal bridges. It is a document written by the LCPC and the DTecITM. These nomenclatures gather the kind of bridges and their parts.

Nom de la partie d'ouvrage	DEFINITION	Croquis ou photo.
GLISSIÈRE (de sécurité)	DISPOSITIF DESTINÉ À RETENIR SUR LA PLATEFORME UN VÉHICULE (EN GÉNÉRAL LÉGER) EN DÉTRESSE.	
GORGE	CREUX DE FORME ALLONGÉE.	
GOUJON	PIÈCE MÉTALLIQUE CYLINDRIQUE SERVANT D'ASSEMBLAGE OU D'AXE DE ROTATION, FIXÉE PAR SCELLEMENT, FILETAGE OU SOUDURE.	
GOUSSET	RENFORCEMENT TRIANGULAIRE DE L'ANGLE DE DEUX PIÈCES PERPENDICULAIRES, OU D'UNE PIÈCE ALLONGÉE.	

Figure 6. Extract from the nomenclature related to reinforced concrete bridges, prestressed concrete bridges and stone bridges

At the beginning, these documents had been written to use a common vocabulary to structural monitoring, because it also provides structural defects. However, they represent an effort to unify, simplify and organize technical vocabulary. Indeed, for each item, the nomenclatures provide its definition and a visual representation in order to avoid ambiguities.

Comment: As there are very few bridges made of wood, no specific objects relative to them appears in the data dictionary until now. However, the data dictionary will be completed to add them with their relationships. The main subgroup of objects to add is about the material itself. Few guides exist on wooden bridges, but the CEREMA will provide soon a technical guide dedicated to this kind of bridges which will help to complete the data dictionary.

2. Methodology

All the existing documents previously described are the fundamental references from which our data dictionary has been created. The work was to combine information to fill each properties of each bridge term of the data dictionary.

The data dictionary has been completed by several experienced civil engineers in an Excel spreadsheet, shared on collaborative website to allow concurrent contributions. The first step was to harmonize and double-check the entered objects.

All doubtful descriptions were discussed, and all redundant terms were deleted from the list.

Then, our working group manually created a few objects in the bSDD sandbox, in order to understand the creation process. This step has been executed on the test platform: http://test. bsdd.buildingsmart.org. Once this process was clearly understood, we adapted our data dictionary so that its objects could be automatically created in the official website: http:// bsdd.buildingsmart.org.

This methodology could of course be used for other concepts than bridges. Indeed, that is the point: objects are connected between them and even to objects from other domains such as road and rail. Our methodology takes the other contexts into account, even if it is paramount not to overlap on other domains, in order to avoid redundancy. The specificity of the bridge data dictionary is that it describes objects exclusively used in bridges.

2.1. An example of the approach with few objects

This part describes the creation of objects in the bSDD which enabled us to control this platform.

Before adding the bridge terms of our data dictionary spreadsheet, we needed to know how the bSDD is organized and must be filled. Indeed, our aim is to transfer automatically our objects to the bSDD. Consequently, we needed to know exactly the steps to add an object and the required information of each object. Indeed, some properties which were only optional according to the AFNOR's XP P07-150 standard were compulsory in the buildingSMART Data Dictionary.

2.1.1. The organization of the bSDD

BuildingSMART has created a mirror copy of the dictionary for test. The aim of this copy is that every user can try to add its own objects without any consequences in order to discover the platform and to learn how it reacts.

In order to use the bSDD-test, we entered the object "pier column" and its subobjects. There are three steps to key in an object:

- The name of the object in English and at least in another language need to be keyed in;
- The bSDD looks for a duplicate of the object just entered. If the user thinks it is a new object, then he can go on to the last step. Otherwise, the user has to check if the existing term describes the same concept or not. If not, a context has to be added to set apart the two terms;
- The user has to choose a concept type among the following ones (figure 7). This concept depends on its nature and its hierarchic level. Besides a description of the object is required at least in English.

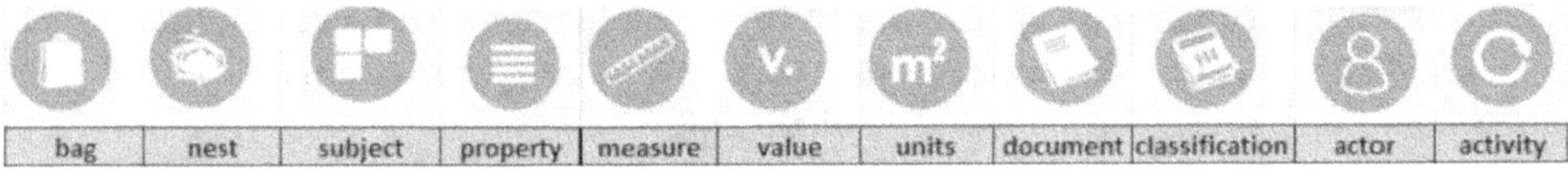

Figure 7. The different concept bSDD types and their symbol

The description of each concept is included in the appendix. After that, the object is created and included in the bSDD.

Thanks to the entry of some twenty objects linked with a "pier column", we could discover the compulsory properties of any object which are:

- its English name;
- its French name, in our case;
- its type;
- its English description.

Once the object is created, it is possible to add a picture of the object.

2.1.2.   Hierarchy links between the objects

Another important aspect of the bSDD is the hierarchy links between the objects. Their definition is closely linked to the context. That is why we asked for the creation of the context "Bridge". Indeed, the connections between concepts depends on the context. Once the context bridge is selected, only the links relative to the context "Bridge" will appear. The aim of a specific context is to create links specific to it. It is thus a good choice to create the "Bridge" context to link our objects between each other. The nature of the link depends on the concept type. The table of figure 8 shows the available links depending on the nature of the object.

number of relationships	bag	nest	subject	property	measure	value	units	document	classification	actor	activity
	3	3	11	11	10	5	8	7	7	12	10
is part of collection	x	x	x	x	x		x	x	x	x	x
is part of			x	x	x		x	x	x	x	x
is documented in			x	x	x	x	x			x	x
is classified as			x	x	x	x	x			x	x
is associated to			x	x		x					
is property of				x							
is a value of						x					
is a unit of							x				
is a type of			x	x	x		x	x	x	x	x
is a measure of					x						
is a collection for	x	x									
has values					x						
has units					x						
has subtypes			x	x	x		x	x	x	x	x
has properties			x					x	x	x	x
has parts			x	x	x		x	x	x	x	x
has members	x	x									
has measures				x							
has documents								x			
has collections			x							x	x
has associations			x	x		x					
classifies									x		
acts upon										x	x
next sequence										x	
previous sequence										x	

Figure 8. Links between the concept types

The document "bSDD content guide line" was used to choose the concept type of each object. The concept type of an object depends on its nature and its hierarchy level. Our bridge objects have four hierarchic levels, excluding the measure and the unit concepts. Consequently, their concept type and the links between them were defined as follow (figure 9).

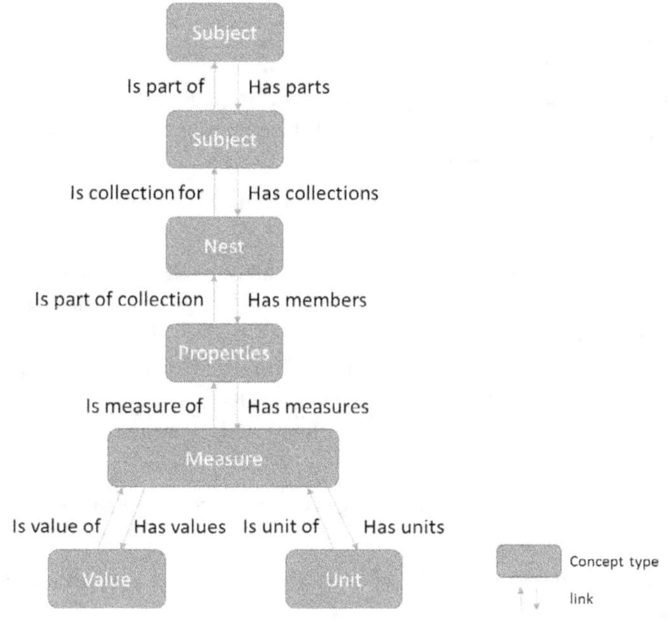

Figure 9. Concept types and links used in the data dictionary spreadsheet

All this test phase was conducted with exchanges with the buildingSMART experts who provide us several points of advice.

2.2.   Back to our data dictionary spreadsheet

After having studied the bSDD, it was clear that an additional work on the spreadsheet of the data dictionary was needed. Indeed, for each object, the definition in English and in French have been completed, the child group and the parent group were specified and separated (parents and children are mixed in a same field in the AFNOR XP07-150 specification), the physical quantity and the unit have been double-checked and completed when needed. Besides, a picture describing the object was added when possible.

Once the Excel sheet will be consolidate, the objects could be automatically transferred from it to the bSDD data dictionary. This work will be completed in five steps:

* development of an Excel macro to transfer automatically the objects to the bSDD;
* test of the transfer on the test bSDD;
* real transfer to the official bSDD;
* check for redundancy;
* validation by an international expert panel.

3.   The lacks and new working directions

The Bridge Data Dictionary has to cover the whole field of bridges.

So far, we addressed the current bridges, and we have to deal with exceptional bridges, including prestressing and cable elements, but also construction tools to carry out the works.

But the main issue remains the accurate definition of the scope of bridges. Indeed, we tried to define all the terms used in the bridge field, including equipment and environment. But we have to focus only on the exclusive domain of bridge. The bridge domain must not overlapped the related domain like road or rail.

The IFC Infrastructure scope has been split in different domains, in particular Alignment, Bridge, Rail and Road.

Figure 10 below shows the global architecture of the needed developments of IFC for infrastructure. These developments are based on existing IFC4, which is now an ISO standard (ISO 16739). The first "brick" is dedicated to IFC Alignment that is the 3D lines on which all linear projects are based on. Then, for each main infrastructure domains, a data dictionary will be developed. Currently, Rail, Road and Bridge are "in progress" domains, with dedicated international expert panels. Some other domains will be added soon (Tunnels, Geology, and maybe Marine infrastructures…).

The scope for IFC Bridge must stop at the accurate interface with other domains.

For instance:

* the ballast and the pavement are out of bridge scope, even if they are often associated to the bridge structure;
* the geology is out of scope, even if we can't size a bridge without knowing the foundation specifications;

- equipment is out of scope, even if the location of each device must be known to specify their attachment or integration in the structure.

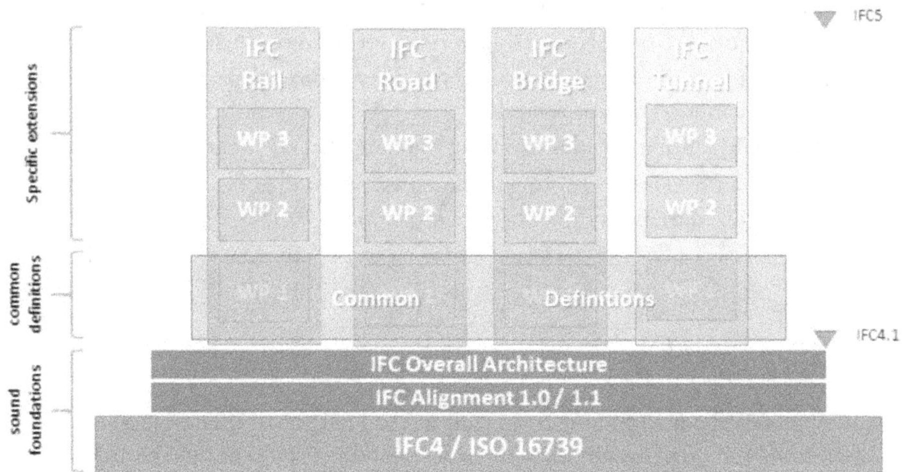

Figure 10. Scope of IFCs for Infrastructure, defined by buildingSMART InfraRoom

So, the Bridge Data Dictionary has to be exhaustive but also exclusive, and we have to coordinate with other IFC for Infrastructure leaders to be sure of the scope to address.

Moreover, all the main IFC for infrastructure are based on IFC Alignment, paramount to set up a bridge and all the needed linear equipment (crash barriers, drainage systems, prestressing elements…) which location is based on a chainage reference, and not on a XYZ coordinate system. We are in a validation process of the first release of IFC Alignment. This step will govern the global development of IFC for Infrastructure.

Conclusion

This first Bridge Data Dictionary is the result of a careful work based on reliable documents and exchange with organizations which provided these documents. It has thus a strong value, even if it was done only by a French research team. The aim is now to expose it to the international community, in order to receive feedback to improve it.

The purposes of this Bridge Data Dictionary are various:

- test a working methodology to be applied by other infrastructure domains (roads, rails, tunnels…);
- check the current functions and capabilities of the bSDD platform, to make new specifications or ask for additional developments;
- define a common term list, in order to facilitate standardization and IFC Bridge classes' development.

Indeed, the exhaustive list of bridge objects will lead to a comparison with existing IFC entities, with the aim of defining which existing IFC entity could act as IFC Bridge entity, and so, which IFC Bridge entity has to be developed.

Finally, we have to remind why objects for Infrastructure have to be standardized:

- international use of the same concept definitions, to avoid confusion;
- exchange aptitudes and easiness between the different software packages, from authoring tools to simulation tools and backwards;
- data sustainability during decades (covering the long life cycle of any infrastructure).

Our purpose was not to reinvent existing dictionaries, but to organize and classify the bridge terms in a standardized framework, with the contribution of the bridge international expert community.

Credits

This work was carried out within the framework of the French MINnD project and benefited from discussions and exchanges of ideas in several working groups of this research project.

References

KASI, M., CHAPMAN, R. E. *Proposed UNIFORMAT II Classification of Bridge Elements.* Gaithersburg, MD: U.S. Department of Commerce – National Institute of Standards and Technology – Applied Economics Office – Engineering Laboratory, 2011, NIST Special Publication 1122.

OBSERVATOIRE NATIONAL DE LA ROUTE (ONR). *Dictionnaire de l'entretien routier. Volume 5: Ouvrages d'art.* 1996, 154 pp.

BRIME. Appendix III: Glossary of Terms Used in Bridge Engineering. *Bridge Management in Europe.* 2001, 99 pp.

CATENDA. bSDD Content Guidelines [online]. In: *buildingSMART.* Available at: https://docs.google.com/document/d/1YUiR07A27lK0UB8ImYoaoLKCUvh1QFG1FfcvvLOYdP0/edit.

OUDIN, H. et TARDY, R. *Lexique relatif à la construction des ouvrages d'art.* SETRA/CTOA/DGO,1997.

LCPC/SETRA. *Nomenclature des parties d'ouvrages d'art métalliques* [online]. 1986. Available at: https://www.doc-developpement-durable.org/file/Construction-Maisons_et_routes/ponts%20bas%20couts/Ponts_suspendus.pdf.

LCPC/SETRA. *Nomenclature des parties d'ouvrages d'art en béton armé et précontraint et en maçonnerie* [online]. 1976. Available at: http://dtrf.setra.fr/pdf/pj/Dtrf/0000/Dtrf-0000496/DT496.pdf?openerPage=notice&qid=sdx_q0.

CHAPITRE 8

Conception d'une maquette numérique « intelligente » pour les routes : application au calcul de dimensionnement

Emily DEYDIER, Hugo LAUGIER, Léo ADHEMAR,
Layella ZIYANI, Omar DOUKARI
ESTP Paris
e-mail : lziyani@estp-paris.eu

Abstract

The BIM is a tool that allows the sharing of data between the different actors of the construction, but also the decision-making throughout the life of the building. Nevertheless, it is today, and for twenty years, much more used in the field of building than in public works. Our research therefore focuses on how to extend the BIM to the design of a road and, more specifically, of a roadway. Our objective is to create a smart BIM digital model that allows the exchange of data between each person involved in a road construction project and processing this data in order to return the optimal dimensioning of a roadway.

Key words

Road project, digital mock-up, pavement, dimensioning, ALIZE-LCPC.

Résumé

Le BIM est un outil qui permet le partage de données entre les différents acteurs de la construction, mais aussi la prise de décision tout au long de la vie du bâtiment. Néanmoins, il est aujourd'hui, et depuis une vingtaine d'années, bien plus utilisé dans le domaine du bâtiment que dans celui des travaux publics. Notre recherche porte donc sur comment étendre le BIM à la conception d'une route et plus précisément ici, d'une chaussée. Notre objectif est de créer une maquette numérique BIM intelligente permettant l'échange de données entre chaque intervenant d'un projet de construction routière et traitant ces données afin de renvoyer le dimensionnement optimal d'une chaussée.

Mots-clés

Projet routier, maquette numérique, chaussée, dimensionnement, ALIZE-LCPC.

Introduction

Les projets de construction routière sont des processus complexes basés sur la collaboration de nombreux acteurs qui échangent de multiples données. Le processus de construction d'une route est structuré en plusieurs étapes parmi lesquelles le dimensionnement, consistant à déterminer le type de chaussée, la nature et l'épaisseur de chacune de ses couches, constitue une de ses phases clés. À l'heure actuelle, et ce dans plusieurs pays, le dimensionnement des chaussées est effectué à l'aide du logiciel ALIZE-LCPC (développé par le LCPC : Laboratoire central des ponts et chaussées) en parallèle à l'échange de données entre les différents acteurs du projet de construction routière.

Afin de faciliter la collaboration de ces nombreux intervenants, les entreprises de travaux publics intègrent peu à peu, et ce depuis quelques années, le Building Information Modeling (BIM) (Eastman, Teicholz, *et al.*, 2011), processus de conception permettant de gagner en productivité, en qualité et en compétitivité. C'est le cas des sociétés EGIS et Bouygues qui promeuvent l'utilisation du BIM pour traiter de grands projets tels la rocade L2 à Marseille longue de 10,9 kilomètres afin d'établir une relation de confiance entre l'état de l'avancement de la construction pour tous en temps réel. La création d'un espace de partage de données a permis la détermination d'objectifs communs, la vérification de la faisabilité du projet et le contrôle de la cohérence des données. Le système d'information dont fait partie la maquette numérique est devenu un outil de contrôle de la cohérence des données (existantes et en cours de conception) véritablement opérationnel, valorisant des gains immédiats pour tous les acteurs du contrat.

Malgré l'émergence du BIM dans le domaine des travaux publics, il n'existe pas à l'heure actuelle dans le domaine de la construction routière de maquette numérique BIM intelligente qui, en plus de constituer une plateforme d'échanges de données entre les différents acteurs d'un projet, traite ces données et paramètres d'entrée et faire les calculs nécessaires afin de renvoyer le dimensionnement optimal d'une chaussée.

Nous avons pour objectif la conception d'un outil permettant la collecte des données relatives à la construction d'une route, le traitement de ces informations afin d'obtenir le dimensionnement de la chaussée et sa modélisation de façon entièrement automatique.

Cet article se décompose en trois parties. Premièrement, nous déterminons les étapes principales de la construction routière et les acteurs qui interviennent dans ces dernières. Nous détaillons ensuite l'étape de dimensionnement d'une chaussée, qui est la plus importante pour nous dans le cadre de la création de notre maquette. Enfin, le projet n'étant pas encore achevé, nous nous limitons dans ce papier à présenter un modèle général de structuration des données d'un projet routier ainsi qu'une maquette numérique BIM, développée sous le logiciel Autodesk Revit, permettant la structuration et la sauvegarde de toutes les données nécessaires au calcul de dimensionnement d'une chaussée.

1.   Projet routier

La réalisation d'un projet routier est très complexe de par le nombre important d'acteurs et la complexité technique de la construction. Nous avons adopté une approche globale pour comprendre les étapes de réalisation d'une route en vue de définir une nouvelle organisation des échanges tout en s'articulant sur l'utilisation de la maquette numérique. Ainsi, nous avons d'abord déterminé les grandes étapes de la construction routière, identifié les acteurs et détaillé toutes ces étapes.

1.1.   Étapes de la construction routière

On résume ci-après les principales étapes d'un projet de construction routière pour un marché public, c'est-à-dire lorsque le maître d'ouvrage est l'État. Dans le cas d'un marché privé, le maître d'ouvrage est différent, mais les étapes et les acteurs sont globalement semblables.

La première phase est celle de l'étude d'opportunités. Durant celle-ci, on analyse les trafics afin de déterminer quel type de route on va réaliser. En parallèle, on effectue une évaluation socio-économique et environnementale. Ensuite, les études préalables constituent l'appel d'offres. Ce dernier est constitué du cahier des charges avec tous les programmes, des coûts fixés par l'Agence de financement des infrastructures de transport de France (AFITF) et par la suite du choix du prestataire et du contrat. La troisième phase est celle de la déclaration de projet et la finalisation du dossier de programme, qui traduit l'engagement de l'État, et l'élaboration d'un second dossier définissant les objectifs, exigences, besoins et contraintes du projet. Enfin, la phase la plus technique avant la réalisation de la route est la conception détaillée. Lors de cette étude, on détermine le dimensionnement, phase qui nous intéresse le plus dans notre projet. Une fois le dimensionnement établi, les travaux peuvent commencer (Région Île-de-France, 2003). Enfin vient l'étape de la remise à l'exploitant et la mise en service de la chaussée. Pour finir, les phases postréalisation sont le cycle de vie de la route, la démolition et le recyclage de cette dernière. La première prend en compte l'entretien routier afin d'assurer le confort et la sécurité des usagers et la préservation du patrimoine. Toutes ces étapes de la construction routière font intervenir de nombreux acteurs.

1.2. Acteurs intervenant dans la construction routière

L'État intervient dans plusieurs étapes, sous différents représentants. Lors de l'étape d'étude d'opportunités, la filière de l'État qui intervient dépend du type de route. L'État intervient aussi dans l'étape d'étude préalable, lors de laquelle il est chargé de fixer les coûts. Dans l'étude de projet, l'État réalise les acquisitions foncières nécessaires. Enfin, il assure la prévention du patrimoine routier lors du cycle de vie de la chaussée. La maîtrise d'ouvrage peut être publique ou privée et intervient dans trois étapes de réalisation du projet routier (Cluzeau, 2010). Premièrement, le maître d'ouvrage intervient dans l'étude d'opportunités, étant responsable de calculer la classe de trafic et de faire les études socio-économiques, sociales et environnementales. Lors des études préalables, il est responsable d'effectuer l'appel d'offres et de définir le cahier des charges et de fixer le budget. Enfin, il intervient dans la déclaration de projet et la finalisation du dossier de programme en étant responsable de rédiger les exigences, les objectifs, les besoins et les contraintes. La maîtrise d'œuvre est un pilier du projet (Makowski, 2001). Elle intervient dans la phase d'étude de projet et conception détaillée où elle est responsable d'effectuer le dimensionnement de la chaussée. De plus, elle est responsable de la réalisation du projet dans sa totalité dans l'étape de réalisation des travaux de construction. L'entrepreneur routier est responsable de réaliser une évaluation environnementale du projet (étude climatique, des sols...) lors de l'étape d'études d'opportunités. Le ou les fournisseur(s) est responsable de fournir les matériaux et le matériel nécessaires pour réaliser la chaussée lors de la phase de réalisation des travaux de construction.

Afin de synthétiser toutes les informations récoltées, nous avons créé un logigramme (voir annexe I) détaillant toutes les étapes énumérées précédemment et précisant les acteurs par un code couleur, leur étape d'intervention et leur rôle. Ce dernier peut être représenté autrement sous forme de matrice en reprenant les phases, sous-phases et tâches élémentaires composant un projet routier d'un côté, aussi bien que les acteurs affectés à chacune des tâches d'un autre côté (figure 1).

Projet routier							
Etude d'opportunité		Etude préalable	Programmation	Conception		Construction	Exploitation/ Maintenance
...	Analyse des trafics	...		...	Dimmensionnement	...	
	État - Commune - Département				Entrepreneur routier		
Acteurs projet							

Figure 1. Synthèse des étapes et acteurs d'un projet routier

2. Dimensionnement d'une chaussée

Une chaussée est une structure plane et étanche destinée à reporter et répartir, sur le sol support, les efforts dus au trafic. Elle est composée de plusieurs couches successives reposant sur une plateforme support. Une chaussée permet de circuler en permanence (par tous les temps) et de façon durable dans des conditions de sécurité optimales et de confort acceptables (Babilotte et Soulie, 1994).

Les couches les plus profondes sont la partie supérieure de terrassement (PST), qui a une épaisseur d'environ 1 mètre, et la couche de forme.

La partie supérieure de terrassement est la partie du sol qui va supporter la couche de forme. Il faut déterminer la classe de la PST et l'arase afin de pouvoir déterminer les matériaux et l'épaisseur de la couche de forme. Le sol peut être naturel ou remblayé. En effet, la nature du sol peut entraîner un tassement sous le poids des couches supérieures allant jusqu'à 15 %. Il est alors essentiel de mettre en place du remblai (compactage) afin d'obtenir un support pour la bonne tenue du revêtement.

Au-dessus du sol support se trouve la couche de forme. Cette couche permet d'adapter les caractéristiques du terrain en place ou des remblais de la partie supérieure de terrassement aux caractéristiques mécaniques et géométriques du projet routier. Elle répond à la fois à des objectifs à court terme (vis-à-vis de la phase de réalisation) et à long terme (lorsque l'ouvrage est en service) (Région Île-de-France, 2003). La couche de forme permet également de protéger le sol support du gel.

Le corps de chaussée, qui est composé de la couche de surface et de la couche d'assise (figure 1), est situé au-dessus de la couche de forme.

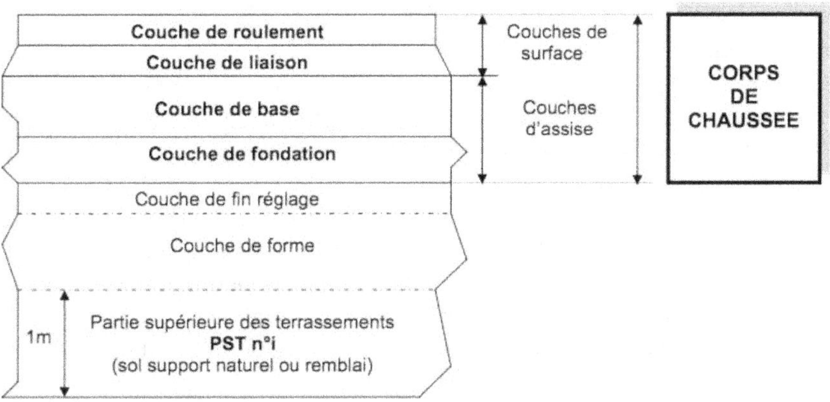

Figure 2. Description du corps de chaussée (Babilotte et Soulie, 1994)

La couche d'assise assume deux rôles principaux :

- lors de la construction de la chaussée, elle fournit un support bien nivelé, un support de portance et sert de couche de roulement provisoire ;
- lorsque la chaussée est construite : elle assure la protection thermique de la plateforme et apporter à la chaussée la résistance mécanique aux charges verticales induites par le trafic.

On trouve au-dessus de la couche d'assise la couche de surface, qui est constituée de la couche de roulement et éventuellement d'une couche de liaison (qui assure l'adhérence entre les deux couches qu'elle sépare).

Ces couches présentent des épaisseurs et sont constituées de matériaux caractéristiques.

C'est ici l'usage de la chaussée et son environnement qui aura un impact sur le dimensionnement de la couche de surface. Elle doit répondre aux critères suivants :

- la sécurité et le confort des usagers : on améliore ces critères grâce à l'uni de la chaussée, l'adhérence, et la drainabilité ;
- l'étanchéité : garantir la protection par rapport aux infiltrations d'eau ;
- la réduction du bruit de contact ;
- la possibilité de régénération des caractéristiques de surface ;
- la résistance au climat et aux efforts horizontaux des véhicules (couche de roulement uniquement).

2.1. Étapes de dimensionnement

Le dimensionnement mécanique des chaussées routières comprend différentes étapes. Il consiste à calculer les contraintes et les déformations subies par la structure de chaussée et à comparer ces paramètres aux contraintes et déformations admissibles pour cette même chaussée.

Pour dimensionner une chaussée, il faut tout d'abord déterminer la catégorie de la voie. On distingue :

- les voies à réseau structurant (VRS), regroupant principalement les autoroutes et les routes express à une voie ;
- les voies à réseau non structurant (VNRS), comprenant les artères interurbaines et autres routes.

Ces catégories conditionnent la période de service de la chaussée. Cette période s'étend du jour de la mise en service de la chaussée à l'apparition des dégradations nécessitant une intervention (réparation, reconstruction). Une VRS est dimensionnée pour une durée de trente ans, tandis qu'une VRNS est dimensionnée pour une mise en service de la chaussée de vingt ans.

Une fois la catégorie de la voie définie, il est nécessaire de calculer le trafic routier. Ce dernier est évalué soit en nombre de poids lourds (de charge de 13,5 tonnes) par jour, soit en nombre cumulé de poids lourds sur la durée de dimensionnement. Ce nombre dépend, entre autres, du nombre de voies considéré et du taux de croissance linéaire annuelle du trafic poids lourds. Il existe différentes classes de trafic cumulé s'écrivant sous la forme TCi. Plus i est élevé, plus le trafic cumulé est élevé.

Une fois les paramètres liés au trafic déterminés, la classe de la plateforme support est définie. Cette classe, écrite PFi où i varie de 1 à 4, dépend du niveau de portance du sol support, lui-même dépendant du type de sol considéré (sableux, marneux, argileux…) et de son état hydrique. Les matériaux de la couche de forme sont choisis en fonction de leur insensibilité au gel/dégel, la dimension des gros éléments et la portance sous circulation d'engins de chantier et poids lourds. Les matériaux sont des graves naturels ou recyclés, des matériaux éruptifs, ou des sols naturels traités au liant. L'épaisseur de la couche de forme dépend de la classe PFi du sol support.

L'étape suivante de dimensionnement consiste à déterminer le corps de la chaussée, c'est-à-dire le type de structure, les matériaux la constituant, l'épaisseur des différentes couches et les conditions d'interface. On recense six principales structures de chaussée, répertoriées dans le guide de dimensionnement des chaussées (Babilotte et Soulie, 1994). Elles diffèrent du fait des matériaux composant la couche d'assise (grave non traitée, matériau traité au liant hydraulique ou matériaux bitumineux) et leur combinaison. Il est en effet possible d'obtenir une couche de fondation fabriquée à partir de matériaux hydrauliques et une couche de base fabriquée à partir de matériaux bitumineux. Les différents types de matériaux ainsi que leurs épaisseurs associées sont donnés dans le catalogue de dimensionnement.

Une vérification au gel/dégel peut être effectuée lorsque le dimensionnement mécanique est terminé. Elle peut engendrer l'augmentation de l'épaisseur de la couche de forme. Elle consiste, pour une rigueur hivernale donnée, à comparer le gel transmis à la base de la structure au gel admissible à la surface du sol support.

Les étapes de dimensionnement des chaussées sont rassemblées dans la figure 3.

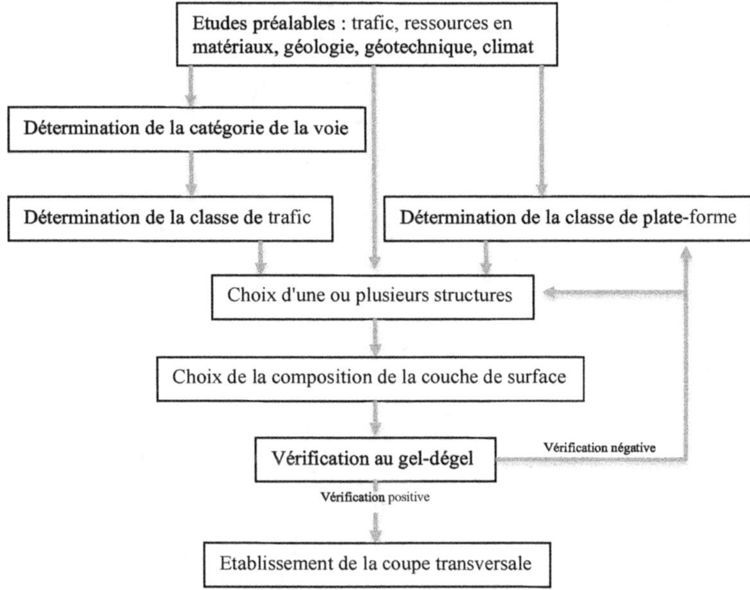

Figure 3. Présentation de la démarche de détermination d'une structure de chaussée (METL, 1998)

2.2. ALIZE-LCPC : un outil de dimensionnement

Dans de nombreux pays dans le monde, le dimensionnement des chaussées est effectué à l'aide du logiciel ALIZE-LCPC, développé il y a des décennies par le Laboratoire central des ponts et chaussées (devenu aujourd'hui l'IFSTTAR, l'Institut français des sciences et technologies des transports, de l'aménagement et des réseaux). Ce logiciel intègre des calculs de dimensionnement issus de modèles mathématiques qui prennent comme hypothèses :

- La couche représentant le substratum est considérée comme infinie.
- On représente la structure par un massif multicouche à comportement élastique isotrope et linéaire.
- Les calculs sont réalisés avec des programmes reposant sur la méthode des éléments finis.
- Le logiciel ALIZE-LCPC prend comme paramètres d'entrée :
    - les paramètres liés au trafic routier (trafic journalier ou TCi, taux d'accroissement linéaire),

- l'épaisseur H de chaque couche de la chaussée,
- le type de matériau,
- le module E du matériau et son paramètre de fatigue,
- le coefficient de Poisson ν du matériau,
- les conditions d'interface au sommet et à la base de la couche, caractérisant le type de contact avec les couches adjacentes supérieure et inférieure,
- d'autres paramètres qui sont des coefficients de calage.

Une fois les paramètres introduits, le logiciel calcule les déformations et contraintes admissibles sur la base d'une charge de référence, puis calcule les déformations et contraintes effectives sur la chaussée définie. L'opérateur vérifie que ces sollicitations sont bien inférieures à celles admissibles.

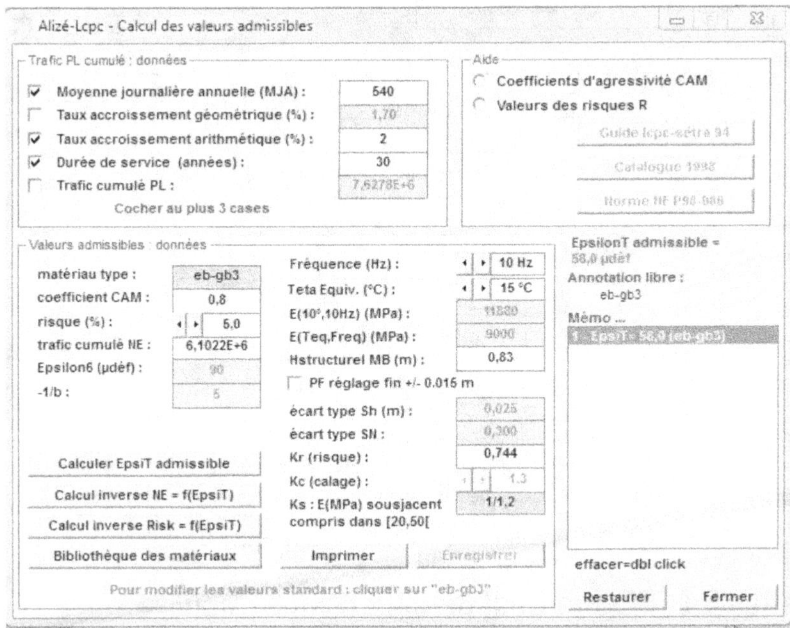

Figure 4. Exemple d'une structure de chaussée dimensionnée avec ALIZE-LCPC et calcul des valeurs admissibles

Cette méthode de dimensionnement, basée sur une approche rationnelle, est celle actuellement pratiquée en France. De nombreux bureaux d'études disposent du logiciel ALIZE-LCPC. Il serait toutefois intéressant, dans un souci de partage de données et d'interopérabilité, de pouvoir regrouper sur un seul et même support toutes les données liées au projet routier dans sa globalité ainsi que celles liées au dimensionnement. En particulier, on pourrait imaginer un outil capable à la fois de stocker des données et d'effectuer lui-même le calcul de dimensionnement. À cette fin, la conception d'une maquette numérique prendrait, dans ce cas, tout son sens.

3. Dimensionnement « intelligent » via le BIM

Il n'est pas concevable d'établir une définition universelle du BIM (Eastman, Teicholz, *et al.*, 2011). Il existe en effet de multiples définitions qui diffèrent en fonction de ses utilisateurs et de ses utilisations (Cellier, 2011). Dans le cadre de ce projet, le BIM constitue une méthode de travail basée sur l'échange de données relatives au dimensionnement d'une chaussée à l'aide d'une maquette numérique 3D accessible et modifiable par les différents intervenants de la construction. Il est essentiel de ne pas assimiler le BIM à un logiciel mais à un processus utilisant une maquette 3D qui est produite puis interprétée par des logiciels (Valente, 2017). Il existe différents « niveaux » de BIM traduisant la collaboration plus ou moins étroite entre les intervenants (Slomka, 2014).

Dans ce projet, nous souhaitons concevoir une maquette numérique intelligente qui, en plus de constituer une base de données résultant de l'échange d'informations entre les différents acteurs de la construction d'un projet routier, traite ces éléments en intégrant le calcul de dimensionnement optimal de la chaussée.

3.1. Objectifs du BIM dans le cadre du projet

L'utilisation du BIM dans le secteur des travaux publics est bien moins importante que dans celui du bâtiment. La transition numérique est néanmoins en train de s'opérer et plusieurs projets BIM de routes et d'autoroutes ont récemment vu le jour.

Ce projet vise à créer une maquette numérique centralisée regroupant les différentes informations nécessaires au dimensionnement d'une chaussée, renseignées par les acteurs de la route, puis traitées automatiquement par la maquette numérique afin d'obtenir comme résultat final la structure de chaussée et le dimensionnement optimal de chacune des couches. En effet, les projets routiers nécessitent la participation d'un nombre important d'intervenants qui récoltent et produisent une multitude des données. La centralisation de l'information, ainsi que le traitement de cette dernière (calcul de dimensionnement…), à l'aide d'une maquette numérique BIM faciliterait la collaboration et améliorait la productivité et donc la rentabilité d'un projet.

3.2. Démarche pour la réalisation de la maquette numérique

Nous avons jusque-là identifié chacun des acteurs de la route et leurs rôles dans la construction d'une chaussée. Le nombre important de données relatives à la construction d'une route nous a amenés à construire un logigramme afin de synthétiser et structurer les informations que nous avons pu récolter depuis le début du projet. Ce logigramme nous a permis de déterminer les informations qui devront être traitées par la maquette numérique ainsi que les acteurs qui devront renseigner ces informations, ce qui facilitera la création de celle-ci.

Afin de rendre la maquette numérique « intelligente », celle-ci doit, en plus de regrouper toutes les informations relatives au dimensionnement de la chaussée et à la construction de la route, traiter les données renseignées par les acteurs du projet et renvoyer le dimensionnement optimal de la chaussée.

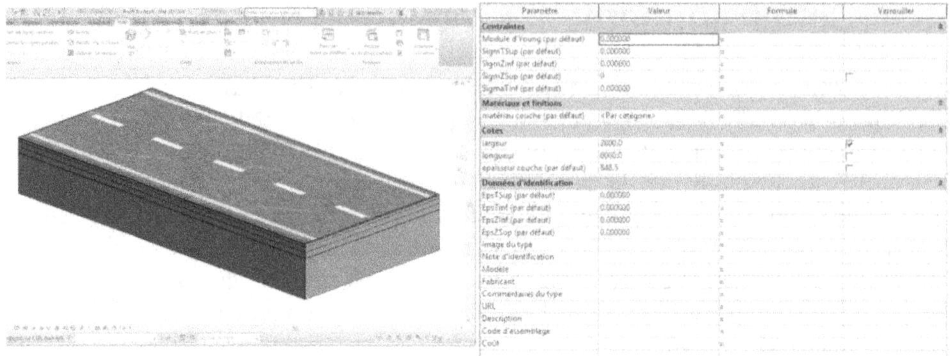

Figure 5. Modélisation de la structure type sous Autodesk Revit et intégration des paramètres d'entrée

Pour ce faire, nous disposons du logiciel de dimensionnement ALIZE-LCPC qui traite, grâce à plusieurs modèles mathématiques (Burmister, 1943), différents paramètres d'entrée et renvoie la structure de chaussée à adopter et l'épaisseur de chacune des couches.

Maquette numérique BIM	Objet	Paramètre	Type Paramètre	Projet routier						Acteur maquette BIM - BIM Manager
				Etude d'opportunité	Etude préalable	Programmation	Conception	Construction	Exploitation/Maintenance	
				Analyse des trafics			Dimmensionnement			
	Chaussée	Largeur	Type							
		Longueur	Type							
		Type de trafic	Type							
	Couche	Largeur	Type							
		Longueur	Type							
		Épaisseur	Occurrence							
		Matériau	Occurrence							
		Module Young	Occurrence							
		Coeff Poisson	Occurrence							
		SigmaT	Occurrence							
		SigmaZ	Occurrence							
		EpsilonT	Occurrence							
		EpsilonZ	Occurrence							
				Etat - Commune - Département			Entrepreneur routier			
				Acteurs projet						

Légende :
: Initialisation / MàJ donnée

Figure 6. Structuration des données d'un projet routier dans la maquette numérique

Nous avons isolé dans toutes les données récoltées précédemment et regroupées dans le logigramme, celles qui seront utilisées comme paramètres d'entrée dans le logiciel ALIZE-LCPC. Cela nous a permis de définir tous les paramètres (ou données) nécessaires à prendre en compte au sein de la maquette numérique. Nous avons utilisé le logiciel Autodesk Revit pour tout d'abord créer deux nouvelles familles d'objets : « Chaussée » et « Couche » (une sous-famille de la famille « Chaussée »). Ensuite, nous avons intégré tous les paramètres d'occurrence et de type afin de pouvoir sauvegarder les données dans la maquette et permettre également le calcul de dimensionnement (figure 6).

En parallèle, nous avons étudié les modèles mathématiques utilisés dans le dimensionnement des chaussées et avons réussi à les formaliser sous forme d'algorithmes afin de les « intégrer » prochainement dans la maquette numérique. Il s'agit ici d'un deuxième niveau d'intelligence de la maquette qui permettrait, en plus de capitaliser toute l'information sur le projet routier, de traiter cette information afin de rendre le calcul de dimensionnement automatique et éviter ainsi de ressaisir et/ou exporter/importer des fichiers vers/depuis ALIZE-LCPC. Cela permettrait également de réduire les problèmes d'interopérabilité entre l'environnement de modélisation de la maquette BIM et la plateforme dédiée aux calculs et au dimensionnement, et éviter des retards et pertes de temps sur le projet. Dans ce cadre de modélisation, la maquette numérique ne sera plus une simple base de données plus un visuel 3D, mais plutôt un « avatar » numérique avec un comportement intelligent et un ensemble d'activités à réaliser par chacun de ses objets (figure 7).

Maquette numérique BIM Intelligente	Objet / Composant		
	Nom	**Paramètre**	**Action/Comportement**
	⋮		
	Chaussée	- Largeur - Longueur - Type de trafic ⋮	+ Dimensionner( ) + Etat de service ( ) + Maintenir () ⋮
	Couche	- Largeur - Longueur - Epaisseur - Matériau - Module Young - Coeff Poisson - SigmaT - SigmaZ - EpsilonT - EpsilonZ ⋮	+ Action 1 ( ) ⋮
	⋮		

Figure 7. Structure de la maquette numérique intelligente

Conclusion et perspectives

Un projet routier est une entreprise complexe nécessitant la collaboration de multiples intervenants. Les étapes de la construction d'une route sont nombreuses et leur réalisation nécessite la récupération d'un nombre de données important. Une phase clé du processus consiste à dimensionner la chaussée, ce qui signifie choisir un type de chaussée ainsi que l'épaisseur et le matériau de chacune des couches.

Nous avons détaillé les étapes de la construction routière et recensé les utilisateurs potentiels de notre maquette intelligente BIM ainsi les données qu'elle devrait traiter.

Nous avons également modélisé la maquette numérique BIM sous Autodesk Revit et y intégré tous les paramètres indispensables pour dimensionner une chaussée. Cette maquette devra, en plus de constituer une plateforme d'échange de données entre collaborateurs, traiter des paramètres d'entrée afin de renvoyer un dimensionnement optimal de la chaussée. Il nous faudra donc lui intégrer des calculs de dimensionnement issus des modèles mathématiques qui sont utilisés dans le logiciel ALIZE-LCPC.

Remerciements

Les auteurs tiennent à remercier M. Jean-Maurice Balay, concepteur du logiciel ALIZE-LCPC, pour avoir fourni une version « recherche » du logiciel. Il est également remercié pour les différents échanges scientifiques qui ont permis d'avancer sur la démarche de travail.

Références bibliographiques

BABILOTTE, C., SOULIE, C. *Guide technique de conception et de dimensionnement des structures de chaussées communautaires. Fascicule II : Dimensionnement des structures de chaussées neuves et élargissement des voies* [en ligne]. Communauté urbaine du Grand Lyon, 1994. Disponible à l'adresse : http://www.grandlyon.com/fileadmin/user_upload/media/pdf/voirie/20091118_gl_voirie_guide_conception_structures_de_chaussees.pdf. [Accès le 29/01/2017].

BURMISTER, D. M. The Theory of the Stress and Displacements in Layered Systems and Applications of Design of Airport Runways. *Proceedings of Highway Research Board*. 1943, vol. 23, p. 126-148.

CELLIER, I. BIM – Définition – C'est quoi le BIM ? [en ligne]. Polantis, 2013. Disponible à l'adresse : https://www.polantis.info/blog/2013/06/06/bim-definition-cest-quoi-le-bim. [Accès le 29/01/2017].

CLUZEAU, J.-M. Le maître d'ouvrage [en ligne]. MBC Assurance Construction, 2010. Disponible à l'adresse : http://www.mbc-assurance-construction.fr/definitions/maitre-ouvrage.php. [Accès le 29/01/2017].

EASTMAN, C., TEICHOLZ, P., SACKS, K., LISTON, R. *BIM Handbook: A Guide to Building Information Modeling for Owners, Managers, Designers, Engineers and Contractors.* 2nd ed. John Wiley & Sons, 2011.

MAKOWSKI, F. Maître d'œuvre [en ligne]. Marché public, 2001. Disponible à l'adresse : http://www.marche-public.fr/Marches-publics/Definitions/Entrees/Maitre-oeuvre.html. [Accès le 29/01/2017].

MINISTÈRE DE L'ÉQUIPEMENT, DES TRANSPORTS ET DU LOGEMENT (METL). *Catalogue des structures types de chaussées neuves.* Paris : LCPC/SETRA, 1998.

RÉGION ÎLE-DE-FRANCE. *Guide technique pour l'utilisation des materiaux regionaux d'Île-de-France : catalogue des structures de chaussées* [En ligne]. 2003. Disponible à l'adresse : http://www.driea.ile-de-france.developpement-durable.gouv.fr/IMG/pdf/cat_str_ch_cle77b4d6.pdf. [Accès le 28/01/2017].

SLOMKA, J. La réforme britannique et les différents niveaux de BIM [en ligne]. BIM, TIC & logiciels, 2014. Disponible à l'adresse : https://msbim.estp.fr/?p=543.

VALENTE, C. Définition du BIM [en ligne]. BIM & BTP, 2017. Disponible à l'adresse : https://bimbtp.com/pourquoi-le-bim/definition-du-bim. [Accès le 29/01/2017].

Annexes

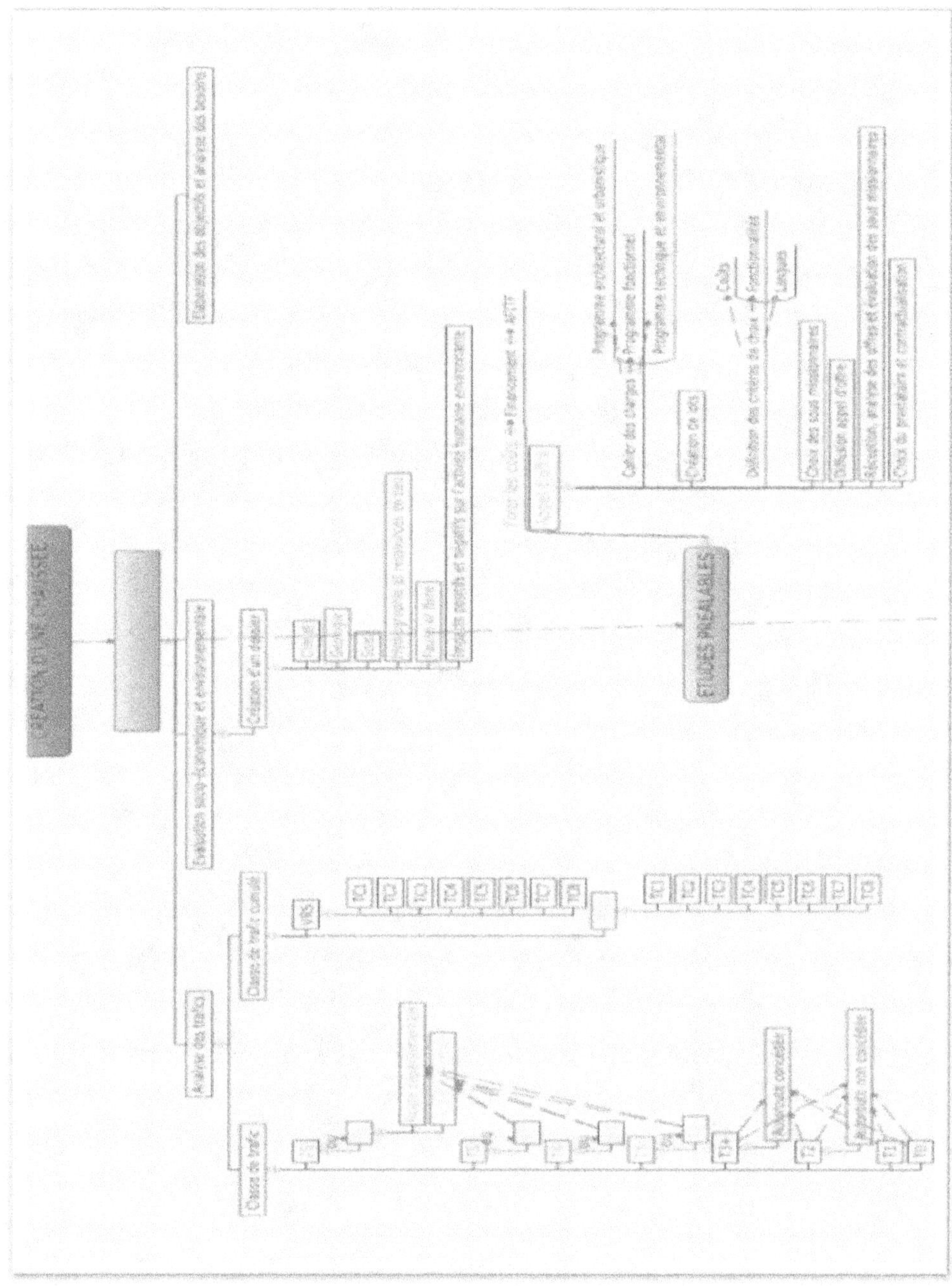

Figure 8. Logigramme de la construction routière – étapes et acteurs

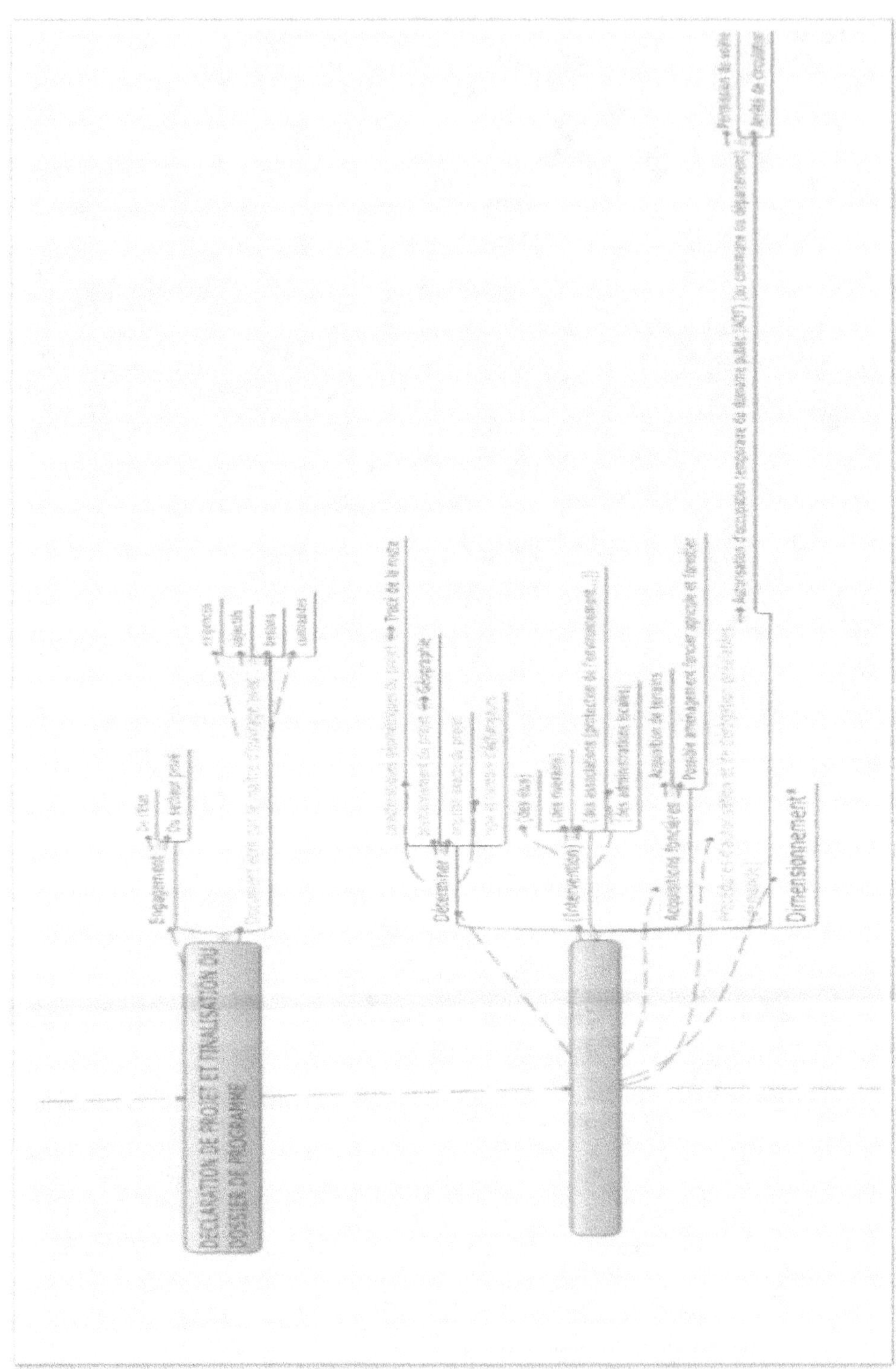

Figure 9. Logigramme de la construction routière – étapes et acteurs (suite 1)

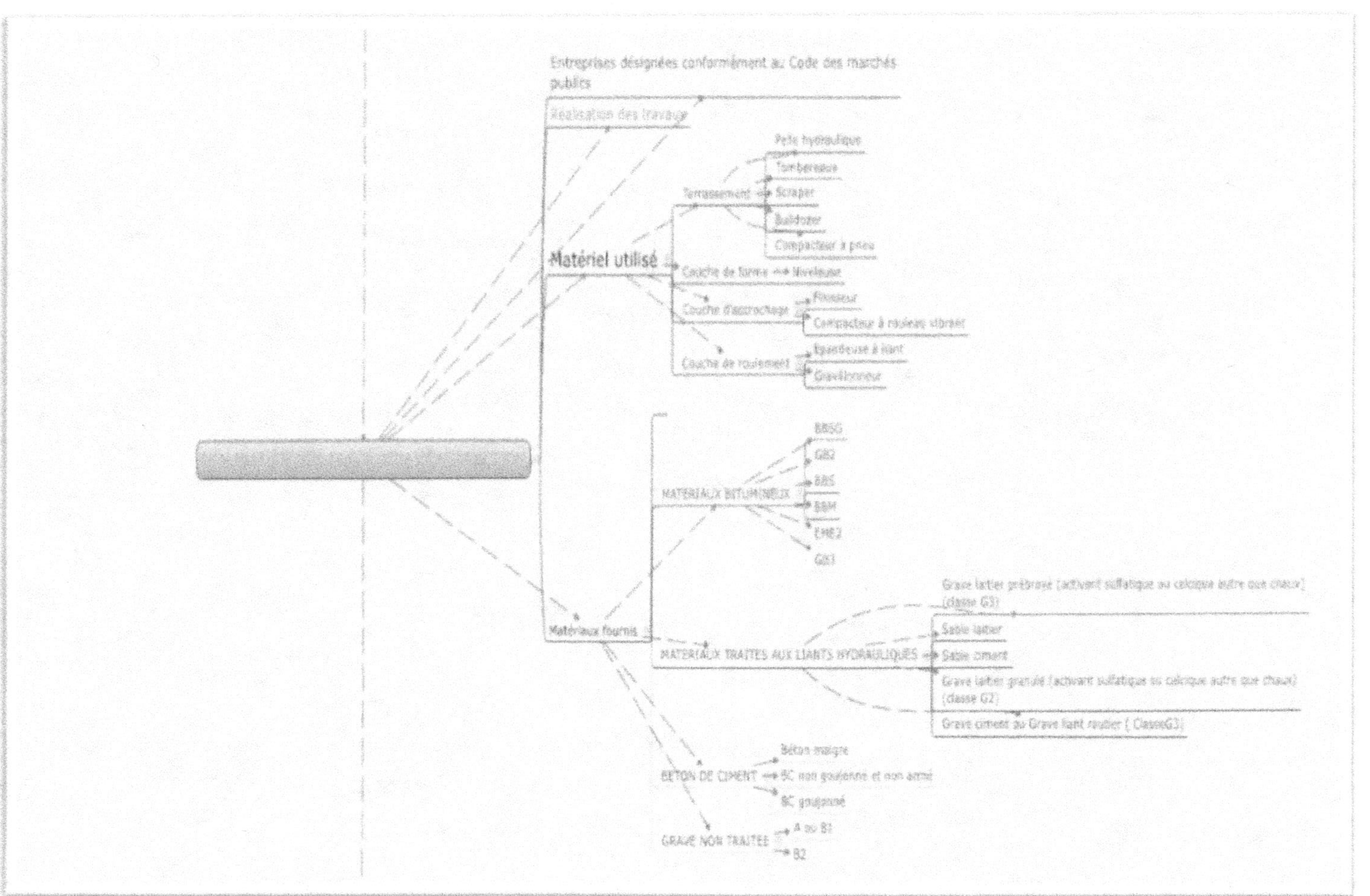

Figure 10. Logigramme de la construction routière – étapes et acteurs (suite 2)

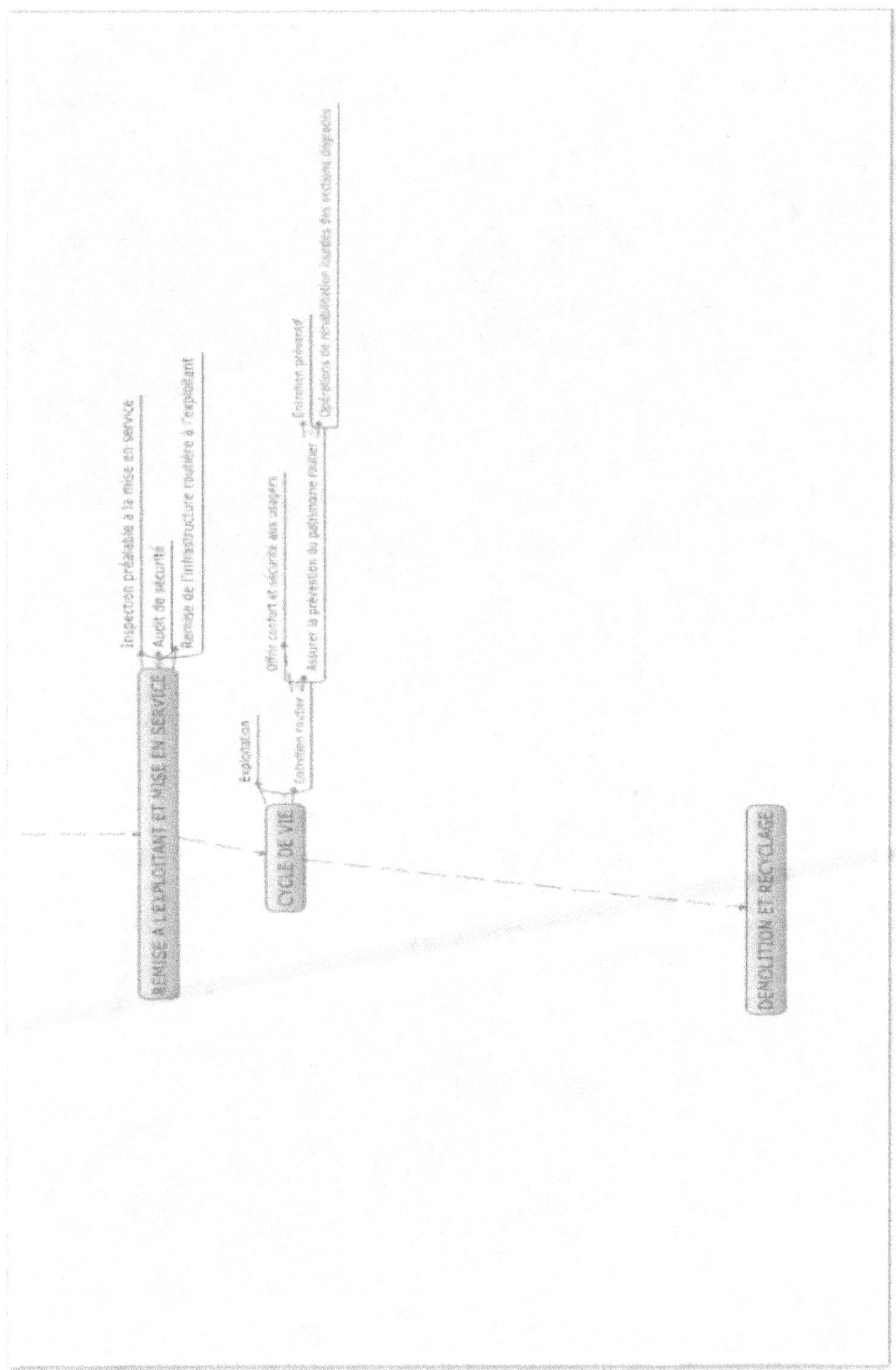

Figure 11. Logigramme de la construction routière – étapes et acteurs (suite 3)

Tableau 1. Code couleur du logigramme (figure 8)

Acteur	Couleur
Ministère chargé des transports (ÉTAT)	ROUGE
Conseil général (DÉPARTEMENT)	VERT
Conseil municipal (COMMUNE)	JAUNE
Maîtrise d'ouvrage (publique ou privée)	ORANGE
Maîtrise d'œuvre	ROSE
Entrepreneur routier	BLEU CLAIR
Fournisseur (vente de matériaux ou de matériel, mise en œuvre de procédés, transports, services…)	NOIR
L'exploitant (maître d'ouvrage ou personne sous contrat avec le maître d'ouvrage)	VERT FONCE
Entités associatives	VIOLET
Type de couche	
Couche de forme	VIOLET (souligné)
Couche d'assise	JAUNE (souligné)
Couche de roulement	ROUGE (souligné)
Couche de liaison	VERT (souligné)

Industry Foundation Classes (IFC) et l'ingénierie système

CHAPITRE 9

Contribution to IFC Bridge development: Missing concepts and new entities

Pierre BENNING

BOUYGUES Travaux Publics

e-mail: p.benning@bouygues-construction.com

Abstract

The IFCs (Industry Foundation Classes) data model is a neutral and open data format defined by an international standard (ISO 19739), which allows to describe a construction as a collection of standard objects. They are quite well defined for describing a building, but their use is still far from being adapted for an infrastructure.

The article presents a new methodology to enrich the IFC model for an infrastructure, in particular for the scope of bridges. The first step is to identify all the absent concepts and classes in the current IFC definition (procedural geometry, coordinate systems…), and then proposes "bridge-oriented" new entities in order to enrich the current IFC model.

Key words

IFC, bridge, infrastructure, neutral format, data model, methodology.

Résumé

Le modèle de données IFC (Industry Foundation Classes) est un format de données neutres et ouvertes défini par une norme internationale (ISO 19739), qui permet de décrire une construction comme une collection d'objets standard. Ils sont assez bien définis pour décrire un bâtiment, mais leur utilisation est encore loin d'être adaptée pour une infrastructure.

L'article présente une nouvelle méthodologie pour enrichir le modèle IFC d'une infrastructure, en particulier pour la portée des ponts. La première étape consiste à identifier tous les concepts et classes absents dans la définition actuelle de la SFI (géométrie procédurale, systèmes de coordonnées...), puis propose des nouvelles entités « orientées par des ponts » afin d'enrichir le modèle IFC actuel.

Mots-clés

IFC, ouvrage d'art, infrastructure, format neutre, modèle de données, méthodologie.

1.   IFC for Infrastructure

The Industry Foundation Classes (IFC) data model is intended to describe building and construction industry data (Wikipedia, n.d.).

It is a neutral platform, an open file format specification that is not controlled by a single vendor or group of vendors. It's an object-based file format with a data model developed by buildingSMART in order to facilitate interoperability exchange in the architecture, engineering and construction (AEC) industry. It is a commonly used collaboration format in Building Information Modeling (BIM) based projects (Lebegue, Fies, et al., 2013; Liebich, 2009; Venugopal, 2011). The IFC model specification is open and available, registered as the international standard ISO 16739.

Currently, this object-based file format is building oriented, mainly describing elements used in the building sector, like slabs, walls, doors or windows.

For some years now, this standard tries to cover the infrastructure sector, dealing with other construction domains like bridges, tunnels or earthworks, roads or rails.

These research initiatives need to rely on a sound foundation and on some concepts tackled by existing IFC but not well implemented by software vendors.

This is why the IFC Bridge working group proposed a methodology to enrich the existing IFC classes, by highlighting some paramount missing concepts, and to develop specific entities dedicated to the bridge domain.

These two topics will be addressed in the following discussion.

2.   IFC Bridge development

First of all, why do we choose the bridge domain?

A bridge is a structure built to span physical obstacles such as a body of water, valley, or road, for the purpose of providing passage to a particular traffic or function over the said obstacle. There are many different designs that all serve unique purposes and apply to different situations.

As a building, a bridge can easily be perceived in its entirety. It is composed of describable elements, which can be organized as systems or which can be located in a spatial arrangement. So, the methodology of IFC building entity definition could be reproducible.

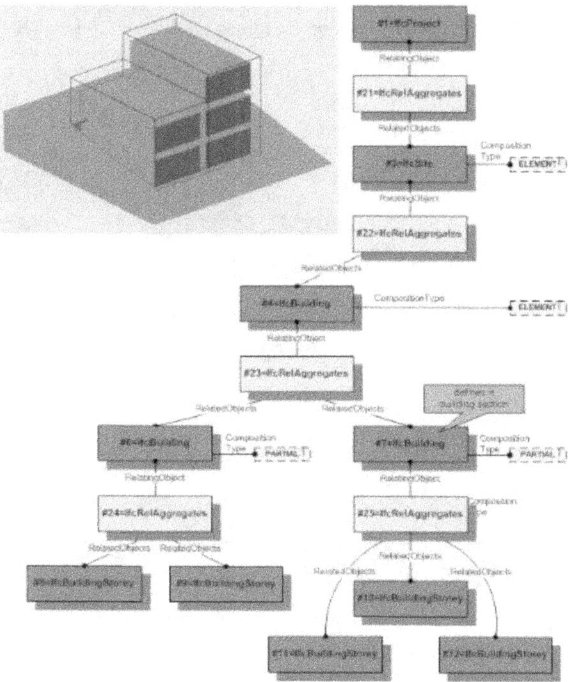

Figure 1. A traditional building breakdown structure

Moreover, a former initiative was intended for defining the IFC Bridge entities without the expected success, no doubt due to some lacks in the methodology and the poor interest of the software vendors (See, Karlshoej, and Davis, 2012).

3. IFC Missing concepts

Our first approach was to understand why the former IFC Bridge initiative was not successful.

So, we tried to design an ordinary bridge with the current authoring tools, in order to identify the lacks. We diverted the building entities (wall, slab…) to design the bridge components (piles, decks, abutments…). The two figures below show that the "visual" result was quite good. But there is no "bridge semantics", because currently, there is no authoring tool able to deliver IFC Bridge objects.

Figure 2. IFC model view including the terrain (without IFC Bridge objects)

Figure 3. IFC model view without the terrain (without IFC Bridge objects)

3.1.   Procedural geometry

Our first attempts reported lacks in the procedural geometry, which is the abilities to define a geometry thanks to a descriptive approach (extrusions along a 3D curve, Boolean operations…).

The complex and smart objects designed with high-performance authoring tools, are often exported in a poor geometry description attached to IFC entity, in the form of a collection of faceted boundary representations (B-Rep). The procedural geometry (or CSG: constructive solid geometry) of the original complex objects is lost, so the exported IFC can't be used appropriately by the other software packages (simulation or other authoring tools).

For instance, the prestressing elements need to "follow" the bridge alignment, with a specific offset, and with a specific horizontal geometry (never in the same plane than the deck). The parapets will also follow the main bridge alignment, with a specific cross section. All the current authoring tools are not able to export IFC objects but a collection of triangles (faceted boundary representation), even if these objects are properly managed in the native format. A B-Rep representation is never appropriate for the following users (manufacturers or contractors, who need accurate information to locate or put them up in a local coordinate system).

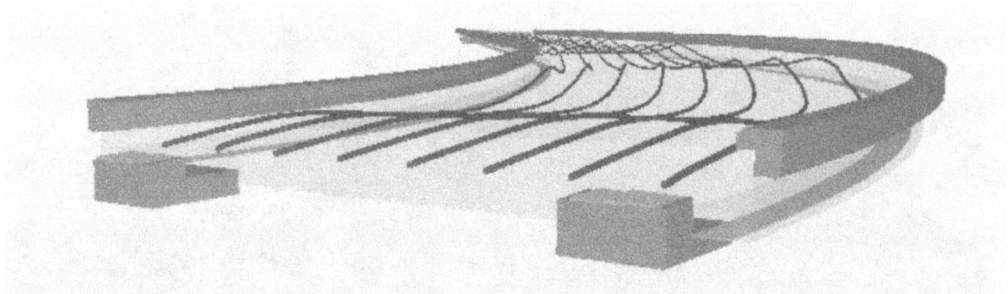

Figure 4. Prestressing inside a curved bridge deck

Furthermore, some bridge components are manufactured in factories and assembled on site. The IFC export under the shape of a collection a B-Rep doesn't not allow to provide an accurate schedule list of components, given, among other things, the overall length of each part before its machining. Imagine a curved tendon described by large amounts of facetted boundaries instead of a disk extrusion along a curve.

The question is: why do software editors be content with a so poor export? We get a nice 3D representation, but without any possibility to use it in any simulation or management tool. It seems Software editors are not conscious of the future use of the exported IFC object. They distort rich objects in a poor representation, as if they don't understand the meaning of proper exchange towards another software package, as if they deliver a bad IFC deliberately.

This first observation highlights the necessity to write and deliver an IDM (information delivery manual) which describes the way to design and build a bridge, the way to exchange data between the different stakeholders, which information and semantics is expected by each actor, before trying to focus on object and its attributes definition. Our first conclusion is that we are imposed to write IDM and its associated process maps (describing data exchange) to explain to software developers the expectations of the complete value chain.

3.2.   References and coordinate systems

In order to locate a bridge and its components in the existing environment, engineers combine different coordinate systems, according to the project development phases.

The local reference system, linked to a specific origin and its direction, allows workers to find their way around. This local reference system, often use in the building sector, is dedicated to project with very limited spread, less than around 100 meters. Beyond these value, we need to work in a global reference system: a surveying system.

The surveying system is a geodesic system, taking into account the rounded shape of Earth, and its conical projection on a 2D map. This surveying system gets a specific coordinate system, with lot of figures (latitude and longitude), which necessitate unit definition with a double decimal approach (not so often used by current software packages). This surveying system is always used on long linear or very large surface projects.

Figure 5. Bridge element setting up

This surveying system is combined with another location system, a linear system, which provides a location compared with the project alignment (chainage or curvilinear abscissa that is the transformation of a 3D curve on a straight line).

This coordinate system is a common reference system for linear projects, allowing an easy way to locate a point in comparison to the linear project alignment. The chainage concept is used also to define location of elements on a curved line (for instance, lights along a curved road).

The combination of these three coordinate systems is frequently used in the design process: location from an origin far from the project itself, joined with chainage.

And the combination of these three coordinate systems is also frequently used in the construction process. For instance, a bridge pier is located within the geodesic system, while a piece of equipment of the pier is located within the local reference system of the pier.

Only the local reference system is implemented in current IFC, while the two other ones have to be detailed and developed (IFC Alignment initiative) for the Infrastructure domain.

3.3. Analytical representation

The domain of structural analysis is a complex field. IFC allows to store analytical information in the object semantics, in order to run calculation and simulation, but it currently needs a lot of efforts to adapt the real 3D geometry to the expected analytical representation.

Indeed, we have to pass from an object volume to its neutral fiber, on which loads will be applied to, or within efforts will pass through. It demands lots of adaptations from engineers, in order to simplify or adjust the bars of the structure (not to mention the structure changes in the iterative phases of design and optimization, when adaptations have to be taken again into account from the beginning).

To run calculation, the loads are information to be stored somewhere, and not within objects where they are applied, because these loads are changing according to the construction phases (and so according to the structural analysis calculation phases). Currently, IfcStructuralLoadResource is the IFC entity used to store this information. The load is not applied directly on the architectural model, but on the bars derived from it. Input data is confused with analytical modelization. That seems not to be the right way of storing information.

Moreover, in the field of nonlinear structural analysis, object distortion is usual. IFC entities represent objects in a frozen shape, but never in an evolutionary shape, depending of the applied loads during the construction or operation. It's also a missing concept of the existing IFC. We must keep in mind that the temporary construction stages are sizing the bridge more than the final stage. Indeed, the loads applied on the bridge components during the construction are not distributed on the complete bridge: the temporary construction stages penalized the structural analysis. They have to be taken into account very early in the design process.

4. New IFC entities for bridges

4.1. The IFC Bridge scope

Designing a bridge out of its context is meaningless! It has always to be inserted in the complete environment (crossed ways, digital terrain, geology, biosphere, loaded traffic…).

It's the reason why we have first to define the real scope of bridges, and to clarify the interfaces with the other related domains (roads, rails, terrain, geology, equipment…)

This work was never done before, and all the IFC for infrastructure initiatives are overlapping on related domains, mixing concepts and objects, and then bringing confusion to the overall architecture of the IFC Infrastructure development.

Indeed, domain experts never want to be released from their responsibility. Moreover, fixing a clear scope of each IFC Infrastructure domain will avoid redundancy, source of error.

4.2. Information Delivery Manual

The easiest way to define the list of terms used in a specific construction domain seems to be the gathering of experts of the considered domain, trying to define the used objects and their attributes. We could call it the "organic approach".

From experience, we realized that the "organic" point of view is not the right approach to define objects of a domain. That is in fact the best approach to forget concepts and objects.

We must start from an upper level of organization, from the functional point of view, where engineers are defining the systems answering to demands. This functional level allows to gather the objects linked in a same system, defining the hierarchy level between them (parents and children) and defining the needed semantics that link objects in the same family.

To do so, buildingSMART proposes a methodology based on IDM (Dumoulin, Benning, et al., 2016) allowing to define, with usual words, the expectation and demands of each actor of the value chain, and to define exchange between them. This process map describes the input and the output attributes of each object processed by each actor.

It's a long and iterative work, mobilizing a lot of experts. It was the only way to express, with technical and accurate words, the expectations of each stakeholder during the complete life cycle of an infrastructure project.

4.3.   Alignments

The writing of the Bridge IDM drove to the first main lack of IFC Bridge: the reference system to locate a bridge inside a complete linear project, but also to locate some bridge components inside a linear system. Alignment must be understood as a 3D grid to locate any component.

This topic was not tackled in the former IFC Bridge initiative, although this concept is paramount to design and construct any bridge, and more generally any engineering structure in all other infrastructure domains (road, rail, tunnel, earthworks…).

This development of IFC Alignment is still in progress, and must be validated before any new developments (Liebich et al., 2015; Jubierre, Amann, et al., 2015).

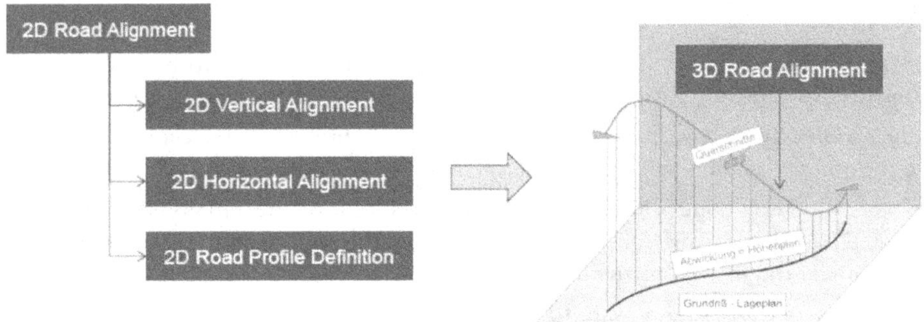

Figure 6. 3D alignment implicitly represented by 2D alignment designs (A. Borrmann – TUM)

4.4.   Current bridges

The first works required to define IFC Bridge are to address "current" bridges.

Indeed, 80% of bridges carried out in the world are "current" bridges, that to say they are current bridges over or under roads or motorways, with a limited range, made of concrete and/or steel.

Even if this kind of bridge is specific according to the country where they are design or carried out, they all have the same Breakdown Structure, including:

- crossed elements (river, gap, road…);
- carried elements (road, rail, canal, pipeline…);
- load-bearing elements (pier, abutment…);
- …

This breakdown structure, split into systems, allows to assign objects to families, paramount to define the data dictionary, essential to start the bridge component list.

A data dictionary is a specialized dictionary including terms and their attributes dedicated to a domain, which maps relationships between objects as well as their property definitions. A data dictionary enables to ensure the sustainability of information over time, to facilitate information exchange between the actors of the same project and to ensure interoperability between the software packages.

In particular, the standardization of bridge components will provide input for the future infrastructure ontology, essential for the autonomous vehicles of the close future.

As it was mentioned previously, this exhaustive list of bridge components will contain only exclusive objects dedicated to bridges, without any overlaps with other Infrastructure domains.

4.5.　Naming convention

Some of the missing entities could be derived from existing IFC.

For instance, a retaining wall could be derived from a wall, assuming the ability to define a wall with varying thickness.

A drainage system could be derived from a water network, assuming the ability to name it with a more appropriately.

In fact, if you don't use the appropriate naming convention, it could be impossible to make some clash detection between identified domains, or to optimize a flow system without knowing the appropriate regulation.

That is the reason why we have to name the objects of bridges with a dedicated prefix or a specific attribute, to place them in the right context of the construction domain.

4.6.　Reinforcement

One of the main incomplete concept of the existing IFC is the reinforcement for the concrete structures. Of course, IFC describes some objects dedicated to reinforcement, but the concepts are insufficient to address the bridge expectation. It is more dedicated to precast element rather than to large structures.

The steel bars imbedded into concrete are located with an accurate position, in particular in some load-bearing elements as pile caps or segment piles where they are numerous to cope with the huge applied loads. Steel bars are set up first in the formwork, then the concrete is poured around. The quantity of steel is not added to the concrete, but takes place of the concrete.

This concept is considerable, because it will lead to errors in the quantity take off process. It should also be noticed that the steel bar set up into formworks could be complex due to the high density of bars.

4.7.　Missing entities

We identified some missing entities exclusively dedicated to bridges.

A first list has been defined in the MINnD project, and could be find in the deliverable "MINnD_IFCBridge_State of The Art & Missing Concepts" released in March 2016 (Dumoulin, Benning, et al., 2016).

For instance, you could find the following words: pier, pylon, abutment, expansion joint, deck, bearing pad.

Most of these structural components should be replaced temporary by IfcProxyElements.

Even if the list has been developed, the work is not finished, because we don't check the possibility to re-use some existing IFC entities to substitute expected bridge entities.

4.8.   Outstanding bridges

The other 20% of bridges carried out in the world are outstanding engineering structures such as suspension bridges, cable-stayed bridges, moveable bridges… They contain other new entities to be described.

The expected systems are the following:

- Prestressing system. This concept is described if the current IFC, but is not developed enough for the bridges: it is dedicated to prefabricated prestressed slabs, but not for a post-tensioned system.
- Tensioning system. This concept is based on nonlinear components, dedicated to sustain cable-stayed or suspension bridges.

These systems are quite complex, and must be define with accuracy in order to prepare all the needed concepts. These systems will be defined when the "current" IFC Bridge entities would have been experienced and stabilized.

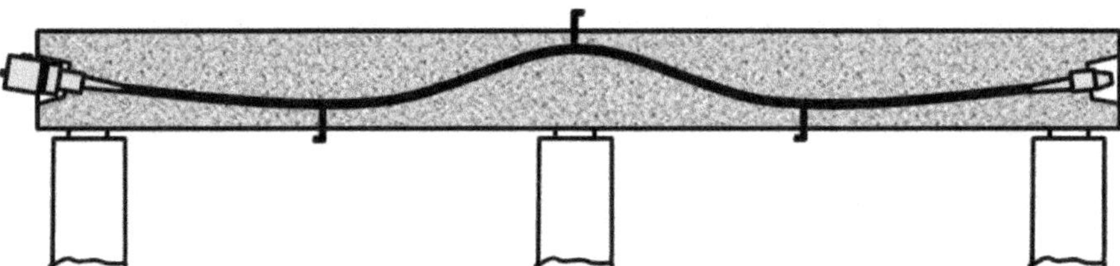

Figure 7. A common prestressing system, which needs to be described for IFC Bridge implementation

4.9.   The related domains

We already mentioned the fact that a bridge is connected to its close environment, and impact the terrain where it stands within the scope.

It is the reason why consistency has to be kept with the related domains of bridges:

- Terrain is important to be able to locate the eligible foundation areas and the construction site locations;
- Geology is a tricky topic, addressing a blurred domain, when drilling is required to strengthen hypothesis. This domain has been studied by Prof. Yabuki, and we must go further in his analysis to provide the appropriate IDM. Moreover, these domain objects will have to deal with a level of uncertainty, due to interpolation between drillings and interpretation by geotechnicians;
- Earthmoving is another tricky topic, using poorly defined objects like excavation and embankment. IfcProxyElement could temporarily be used to represent these objects;

- Road is a domain under research in Korea, defining the different layers and specificity (for instance, superelevation linked to curvilinear abscissa). It's paramount to stop the scope of the bridge domain at the upper face elevation of the bridge (extrados). For the moment, they could be replaced by IfcCoverings covering the deck;

- Rails is a domain under research in China, defining the different layers and rail equipment. As for the road domain, it's paramount to stop the scope of the bridge domain at the upper face elevation of the bridge (extrados). Likewise, they could be replaced by IfcCoverings covering the deck;

- Equipment is a wide domain, formed with manufactured objects for parapets, signing, safety systems, lightning, drainage… This domain is not only bridge-oriented, as a part of this equipment is used beyond bridges, on road or rail tracks.

- Construction tools, that to say cranes, launching girders, formworks, mobile rigs… There are used during the construction process and contribute to the bridge sizing, because of the loads and constraints they bring.

These related domains will be tackled independently, even if they have a strong impact on bridges themselves, and vice versa (KICT, n.d.). It is the reason why these domains have been identified clearly in the buildingSMART IFC Infrastructure road map, as it is showed on the following schema.

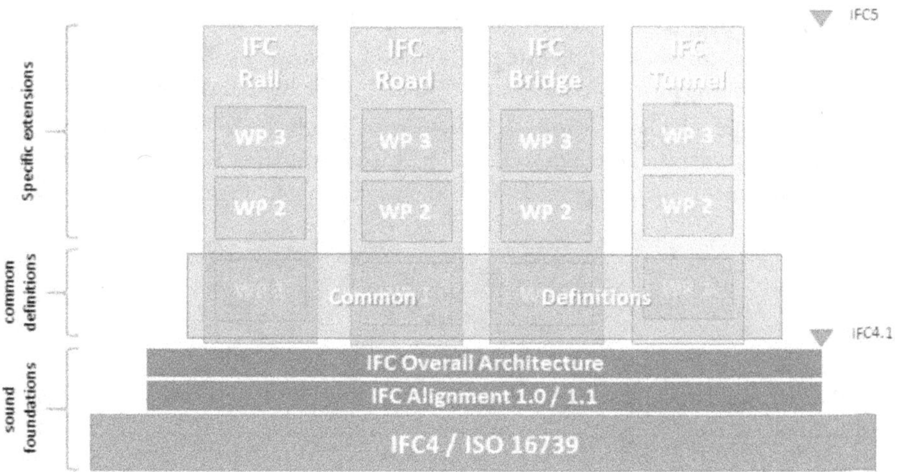

Figure 8. Breakdown for IFC Infrastructure development

In addition, we must have in mind that, up to now, the IFC model represents the building as it is delivered. To design a bridge, we need to know how the location is before the construction starts, and how it is when the bridge is delivered. Therefore, objects could overlap from a geometrical point of view, but not in the reality, because they don't exist at the same time. A ground cut could be partly filled by a ground fill or a bridge structure. Therefore, 4D modeling is needed to avoid these conflicts.

Conclusion

The proposed methodology is issued from buildingSMART specifications, even if it has been improved to address concepts that have never been taken into account before.

The IDM will lead to MVD (Model View Definition), which is the domain of software vendors, for the filters development in order to deliver to each type of actors, the expected data for their domain of expertise (and no more). Shortly, with the mvdXML inlet, this process will not be anymore the exclusive domain of software vendors.

This methodology will lead to the creation of the Bridge Data Dictionary, paramount to ensure information sustainability and interoperability among the collection of simulation software packages available today and currently used to design and optimize bridges. This data dictionary needs an international expert panel validation, to lay sound foundations of the Bridge domain.

Then, it will lead to the improvement of the existing IFC and the development of IFC Bridge entities, hoping for a quick implementation in the actual authoring tools and viewers.

Nowadays, an international expert panel is working on the new IFC Bridge entity validation, in order to deliver the first IFC Bridge entities late 2018. An international funding has been raised to follow and develop these new entities. It confirms the significance of the approach and the interest from the international community.

When the first list of entities dedicated to ordinary bridge will be steadied, it will be time to think about entities for outstanding bridges. It could be sooner than expected, according to the requirements of the infrastructure sector, demanding for BIM and durability.

If the proposed methodology for bridges is relevant and leads to a robust new set of entities for construction, it will be revisited for other infrastructure domains, in particular for tunnels, since the development of cities goes through the development of underground infrastructures.

Credits

This work was carried out within the framework of the French MINnD Project and benefited from discussions and exchanges of ideas in several working groups of this research project.

References

DUMOULIN, C., BENNING, P., COUSIN, V., FABRE, L., RIONDET, J., LEMAÎTRE, E., RIVES, M., CHANARD, J.P. *IFC Bridge State of the Art & Missing Concepts*. MINnD, 2016.

JUBIERRE, J., AMANN, J., BORRMANN, A. (TUM). *IFC Infrastructure: Alignment Model*, 2015.

KOREA INSTITUTE OF CONSTRUCTION TECHNOLOGY (KICT). Infra BIM Schema Specification.pdf, ver. 0.5.

LEBEGUE, E., FIES B., GUAL, J, LIEBICH, T., YABUKI, N. *IFC Bridge V3 Data Model – IFC 4, Edition R3*. BuildingSMART, 2013.

LIEBICH, T. *IFC 2x Edition 3: Model Implementation Guide. Version 2.0* [online]. BuildingSMART, 2009. Available at: http://www.buildingsmart-tech.org/downloads/accompanying-documents/guidelines/IFC2x%20Model%20Implementation%20Guide%20V2-0b.pdf.

LIEBICH ET AL., T. *IFC Alignment Project, Conceptual Model* [online]. BuildingSMART, 2015. Available at: http://www.buildingsmart-tech.org/downloads/ifc/ifc5-extension-projects/ifc-alignment/ifcalignment-conceptualmodel-fs.

SEE, R., KARLSHOEJ, J., DAVIS, D. *An Integrated Process for Delivering IFC Based Data Exchange* [online]. BuildingSMART, 2012. Available at: http://iug.buildingsmart.org/idms/methods-and-guides/Integrated_IDM-MVD_ProcessFormats_14.pdf/at_download/file.

VENUGOPAL M. *Formal Specification of Industry Foundation Class Concepts Using Engineering Ontologies* [thesis]. Georgia Institute of Technology, 2011.

WIKIPEDIA. Industry Foundation Classes [online]. Available at: https://en.wikipedia.org/wiki/Industry_Foundation_Classes.

CHAPITRE 10

Évaluation d'un outil d'ingénierie système : application au métro du Grand Paris Express

Éléonore HERBRETEAU, Nicolas ZIV, Omar DOUKARI
ESTP
e-mail : eherbretea1595@estp.fr

Abstract

Current researches in the construction industry to improve productivity and quality and to manage complexity of projects are oriented on BIM (Building Information Modeling). In other industries, such as aeronautics, defense, aerospace or automotive, other methods and tools have been developed and are still under development. This methodological corpus takes the name of systems engineering (SE). In this article, we analyzed differences and complementarities of these two methods based on literature review. Finally, we develop and evaluate the use of a systems engineering tool based on SysML (System Modeling Language) on a construction project: we present requirement diagrams and bloc diagrams for the modeling of scabbards of the line 16 of the Greater Paris project. After having investigated gaps of such tools for construction projects, we suggest improvements for future developments. Space modeling seems to be particularly missing in SysML models. We suggest different solutions to introduce space information into SysML diagrams.

Key words

System engineering, SysML, BIM, system architecture, requirement, infrastructure, Greater Paris project.

Résumé

Les recherches actuelles dans l'industrie de la construction pour améliorer la productivité et la qualité et pour gérer la complexité des projets sont orientées sur BIM (Building Information Modeling). Dans d'autres industries, telles que l'aéronautique, la défense, l'aérospatiale ou l'automobile, d'autres méthodes et outils ont été développés et sont encore en développement. Ce corpus méthodologique prend le nom de systems engineering (SE). Dans cet article, nous avons analysé les différences et les complémentarités de ces deux méthodes basées sur la revue de la littérature. Enfin, nous développons et évaluons l'utilisation d'un outil d'ingénierie de systèmes basé sur SysML (System Modeling Language) sur un projet de construction : nous présentons des diagrammes d'exigences et des diagrammes de blocs pour la modélisation des fourreaux de la ligne 16 du projet du Grand Paris. Après avoir étudié les lacunes de ces outils pour les projets de construction, nous proposons des améliorations pour les développements futurs. La modélisation spatiale semble être particulièrement manquante dans les modèles SysML. Nous proposons différentes solutions pour introduire des informations spatiales dans des diagrammes SysML.

Mots-clés

Ingénierie des systèmes, SysML, BIM, architecture du système, exigence, infrastructure, projet du Grand Paris.

Introduction

Le domaine de la construction souffre actuellement d'un important déficit de productivité. Une étude de McKinsey (2015) montre qu'à l'inverse des autres industries où la productivité a presque doublé durant ces vingt dernières années, celle du domaine de la construction a stagné, voire même diminuée. Le respect des coûts et des délais dans les « mégaprojets » est également un enjeu majeur. En effet, 98 % de ces projets ont des dépassements de coûts de plus de 30 % et 77 % ont des dépassements de délais de plus de 40 % (McKinsey Global Institute, 2013). D'autre part, plus généralement, 30 % des coûts engagés dans les projets de construction représentent de la non-qualité et sont gaspillés sans apporter de valeur ajoutée aux ouvrages (IRC, 2013). C'est en partant de ce constat que de nouvelles méthodes et de nouveaux outils sont en cours de développement pour relever l'ensemble de ces défis. L'essor actuel du BIM en particulier, en est un élément majeur. Dans d'autres domaines industriels, tels que l'aéronautique, l'aérospatial ou l'automobile, par exemple, des méthodologies portant le nom d'ingénierie système (IS), se sont développées pour gérer et maîtriser le développement des systèmes complexes (Krob, 2009).

Le Building Information Modeling (BIM) révolutionne, depuis son apparition, la manière de construire et ne cesse de modifier les rôles et interactions entre les différents acteurs de la construction (Eastman, Teicholz, *et al.*, 2009). Au-delà de la phase de conception, le BIM vise à améliorer l'efficacité de la construction et à être utilisé tout au long du cycle de vie de l'ouvrage, allant de sa conception jusqu'à sa démolition, en passant par sa construction, son exploitation et sa rénovation.

Dans cet article, après avoir présenté les principes de base de l'ingénierie système, nous verrons comment cette approche peut être complémentaire au BIM. Enfin nous évaluerons l'utilisation d'un outil de modélisation utilisé en ingénierie système, SysML, sur un projet de construction : les fourreaux de la ligne 16 du Grand Paris Express. Finalement, après avoir analysé les manques de cet outil dans ce cadre, nous proposerons des améliorations et des adaptations de l'outil. La modélisation de l'espace dans les outils SysML semble manquer particulièrement pour une utilisation dans les projets de construction.

1. L'ingénierie système

1.1. Introduction à l'ingénierie système

L'origine de l'ingénierie système (IS) date de l'après Seconde Guerre mondiale où les États-Unis ont dû faire face aux contraintes de la guerre froide : d'après Krob (2009), pour pouvoir garantir un délai de réaction rapide entre menace soviétique et contre-attaque américaine, les ingénieurs ont dû concevoir des systèmes de défense où la gestion des informations, des prises de décision et des ripostes militaires devait être prise en compte dans sa globalité, de manière cohérente et intégrée. L'ensemble des méthodes développées a pris très tôt la dénomination d'IS, domaine qui s'est ainsi progressivement structuré au cours des années 1950, 1960 et 1970. Ils décrivent les concepts, méthodologies et bonnes pratiques organisationnelles et techniques que le monde industriel a dû développer pour arriver à maîtriser la complexité de la conception et de la fabrication des systèmes technologiques modernes.

L'ingénierie système s'applique aux systèmes complexes. Un système complexe est un système technique « dont la maîtrise de la conception, de l'industrialisation, de la maintenance et de l'évolution pose des problèmes importants et difficiles d'intégration, directement liés au grand nombre de leurs composants élémentaires (logiciels, matériels ou humains) et à leur importante hétérogénéité scientifique et technologique, ce qui les rend de moins en moins facilement maîtrisables dans leur ensemble par l'être humain », d'après la définition de Krob. Roques (2009), dans son guide *Le SysML par l'exemple*, définit l'IS comme « une approche interdisciplinaire rassemblant tous les efforts techniques pour faire évoluer et vérifier un ensemble intégré de systèmes, de gens, de produits et de solutions de processus de manière équilibrée au fil du cycle de vie pour satisfaire aux besoins client ».

Ces critères sont tous remplis par un projet de construction : il comporte un très grand nombre d'éléments, de nombreux réseaux complexes, de plus en plus de logiciels et technologies de pointe dans les bâtiments intelligents, et enfin une main-d'œuvre, une diversité de métiers, des équipes projets très importantes. Ces différents composants requièrent des compétences scientifiques très variées donc très difficiles à maîtriser dans leur globalité. Enfin, la livraison d'un projet de génie civil implique la collaboration de différentes entités dont les bénéficiaires, les entreprises de construction, les consultants et la chaîne logistique.

En effet, la plupart des industriels continuent toujours à penser que la maîtrise des composants d'un système intégré est suffisante pour maîtriser le système dans sa globalité. Pourtant, de plus en plus de systèmes sont caractérisés à la fois par une très grande complexité intrinsèque et par des interdépendances toujours croissantes. Selon Krob (2016), « la maîtrise de ces systèmes est donc devenue un vrai enjeu, dans un monde en profonde transformation ». Pour traiter de tels systèmes, il est important d'appliquer le mécanisme d'intégration de systèmes, permettant en pratique de construire un nouveau système à partir d'autres sous-systèmes (matériels, logiciels, humains) de plus petite dimension, en les organisant de façon à ce qu'ils puissent accomplir leurs missions. Cette méthode repose sur l'établissement de l'architecture du système, de ses propriétés ainsi que de sa définition adéquate.

Dans un premier temps, il faut définir l'environnement de référence pour le système S correspondant au plus petit environnement « utile » de S. Il est composé uniquement des systèmes réels externes à S qui ont une influence sur sa conception (figure 1).

Cette première étape dans l'analyse architecturale d'un système permet d'établir l'« intérieur » et l'« extérieur » du système, comprenant respectivement le niveau opérationnel et les niveaux fonctionnels et organiques du système. Cette organisation est résumée par le schéma donné dans la figure 2, imaginé par Daniel Krob.

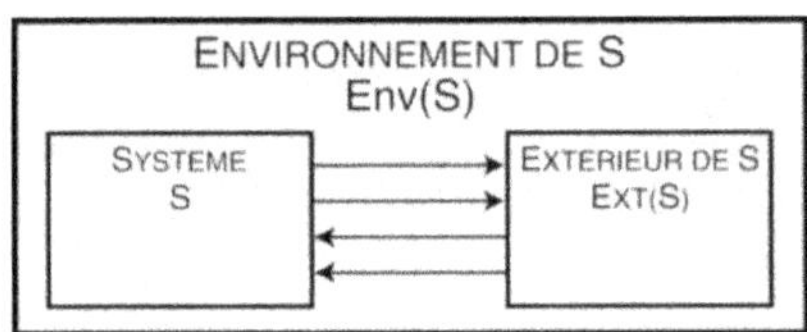

Figure 1. Environnement formel d'un système (Krob, 2009)

Dans un second temps, on effectue l'analyse des propriétés auxquelles le système doit satisfaire, c'est-à-dire la rédaction des exigences, en pratique utilisées pour écrire les cahiers des charges d'ingénierie. Il en existe trois types : les besoins, les exigences fonctionnelles et les exigences organiques. Elles sont déduites de l'analyse architecturale puisqu'elle consiste à partir de besoins, c'est-à-dire de propriétés attendues par l'extérieur du système (ce que veulent les « clients » du système), à les traduire en exigences fonctionnelles (ce que doit faire le système), puis en exigences organiques (comment doit être formé concrètement le système).

Dans un troisième et dernier temps, on élabore la définition formelle d'un système afin d'organiser sa description selon les axes suivants : une représentation (statique) listant les états ; une représentation (statique) listant les entrées/sorties ; une représentation de la dynamique d'évolution des états ; une représentation de la dynamique du comportement entrée/sortie.

Figure 2. Un cadre universel d'analyse architecturale d'un système réel (Krob, 2009)

1.2.   L'ingénierie système dans la construction

L'utilisation de méthodes d'ingénierie système dans le domaine de la construction n'est pas très courante malgré les problématiques de productivité énoncées plus haut et le caractère complexe des ouvrages à produire. Plusieurs tentatives fructueuses ont permis d'expérimenter ces méthodes : dans des projets aux Pays-Bas, par exemple (Vrancken et Van Den Houdt, s. d.) ou (Pro Rail, NL Ingenieurs, *et al.*, 2013), dans des groupes de recherche et de réflexion comme l'Infrastructure Working Group (IWG) de l'International Council on Systems Engineering (INCOSE, 2012), dans plusieurs projets de transport référencés par le Transportation Working Group (TWG) de l'INCOSE (2014).

2.   La modélisation : le langage SYSML

« On voit ainsi que tout système peut récursivement se décrire avec un nombre limité de types de diagrammes qui existent notamment tous en SysML – qui a donc une richesse d'expression suffisante pour représenter tout système » affirme Krob (2009) dans sa réflexion sur l'architecture des systèmes complexes dans l'IS.

Le langage de description SysML permet de décrire et de modéliser les différents points de vue architecturaux de l'IS décrit dans le paragraphe précédent (opérationnel, fonctionnel et organique) à l'aide de diagrammes (Weilkiens, 2007) et (Friedenthal, Moore, et Steiner, 2008) comme nous le proposons dans le tableau 1. Ces diagrammes peuvent ensuite être croisés à l'aide de matrices d'allocation (encore appellées matrices de définition) permettant ainsi d'évaluer les impacts d'une modification sur le système, par exemple. Ce langage a été développé conjointement par l'INCOSE et l'OMG (Object Management Group).

Tableau 1. Liens entre vues architecturales en IS et diagrammes SysML

Vues architecturales en IS	Diagrammes SysML
Vue opérationnelle	• Diagramme de cas d'usage • Diagramme d'exigences
Vue fonctionnelle	• Diagramme d'états • Diagramme de séquence • Diagramme d'activité
Vue organique	• Diagramme de bloc • Diagramme de bloc interne • Diagramme de package • Diagramme paramétrique

Ce langage est commun à tous les champs disciplinaires et se compose de « diagrammes qui permettent d'aborder plus facilement les systèmes pluritechniques, que ce soit en phase de conception ou en phase d'analyse d'un existant » (Fagnon et Gaston, 2012). Ces diagrammes offrent la possibilité de représenter à la fois les composants et les flux de toute nature. L'efficacité et la clarté des diagrammes SysML leur ont permis de remplacer la plupart des autres outils de description auparavant utilisés (Grafcet, Fast, SADT…). En effet, L'OMG veut promouvoir SysML, depuis sa création en 2007, comme un nouveau langage différent et complémentaire d'UML (Unified Modeling Language). Ce langage se base sur les nombreuses versions d'amélioration de l'UML (crée en 2003), qui constituait un langage de modélisation très proche du besoin des ingénieurs systèmes. Cependant, d'après Roques, « il restait une barrière psychologique importante à l'adoption d'UML par la communauté de l'IS : sa teinture « logicielle » indélébile ! ». Finalement, en effaçant les aspects les plus informatiques d'UML et en le renommant « SysML », ce langage semble satisfaire cette communauté.

SysML s'articule autour de neuf types de diagrammes (figure 3), chacun d'eux étant dédié à la représentation des concepts particuliers d'un système. L'OMG répartit ces types de diagramme en trois grands groupes (Eastman, Teicholz, *et al.*, 2008) :

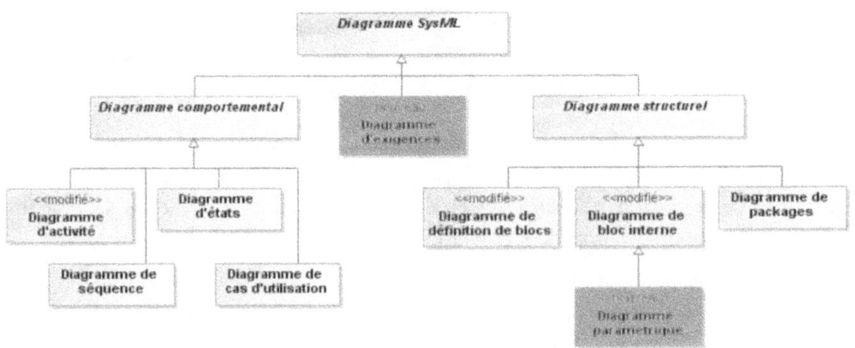

Figure 3. Les neuf diagrammes en SysML (Roques, 2009)

• quatre diagrammes comportementaux : diagramme d'activité (montre l'enchaînement des actions et décisions au sein d'une activité), diagramme de séquence (montre la séquence verticale des messages passés entre blocs au sein d'une interaction), diagramme d'états (montre les différents états et transitions possibles des blocs dynamiques), diagramme de cas d'utilisation (montre comment les interactions fonctionnent entre les acteurs et le système à l'étude) ;

* un diagramme transverse : celui d'exigences (montre les exigences du système et leurs relations) ;

* quatre diagrammes structurels : diagramme de définition de blocs (montre les briques de base statiques : blocs, compositions, associations, attributs, opérations, généralisations…), diagramme de bloc interne (montre l'organisation interne d'un élément statique complexe), diagramme paramétrique (représente les contraintes et équations du système qui le régissent), diagramme de packages (montre l'organisation logique du modèle et les relations entre packages).

3. Le BIM et l'ingénierie système

Le BIM, est une méthode de travail et de partage d'information sur tout le cycle de vie d'un bâtiment ou d'une infrastructure, de leur conception jusqu'à leur démolition. C'est également une maquette numérique constituant une représentation digitale des caractéristiques physiques et fonctionnelles de ces ouvrages. Cette méthode apporte une réponse aux problèmes énoncés dans le *BIM Handbook* (Eastman, Teicholz, *et al.*, 2008) : des erreurs et omissions dans les documents papiers causent des coûts imprévus, des retards et d'éventuels procès entre les différentes équipes d'un projet de groupe. Le BIM permet, entre autres, un suivi instantané et efficace du projet de construction grâce à la possibilité de travailler en direct à plusieurs postes sur un même logiciel et partager ses fichiers en temps réel. Ceci a largement contribué à réduire les délais d'échange d'information, et à une échelle plus large, à réduire les conflits causés par les documents papiers. Cette méthodologie présente donc des objectifs communs avec l'IS qui sont la facilitation et l'amélioration du développement de systèmes complexes.

Tolmer (2016) précise que l'ingénierie système apporte des éléments méthodologiques permettant de définir le contenu des *BIM uses* et de structurer les informations. La structuration des informations nous semble être l'intérêt principal de l'utilisation de l'IS dans une approche BIM en plus d'apporter des outils de modélisation (en SysML notamment) et de gestion des exigences (Doors, Reqtify…).

Geyer (2012) explique que pour accomplir des améliorations importantes, l'une des clés est d'utiliser des méthodes de modélisation issues de l'ingénierie système en particulier dans les toutes premières phases d'un projet, pour assister le processus de conception et les experts impliqués. La conception de bâtiments intelligents, par exemple, demande la considération des propriétés géométriques et visuelles du projet mais aussi des interdépendances physiques, techniques et économiques qui déterminent les performances de l'ouvrage, ce que permettrait l'IS. Le BIM permettrait en effet de bien gérer les conflits géométriques mais n'a toujours pas permis de résoudre l'ensemble des problématiques liées au travail collaboratif et à l'interopérabilité des outils (modélisation et gestion des exigences notamment). C'est l'ambition de l'approche qu'il développe en associant le développement des technologies BIM, de l'ingénierie système et de l'utilisation d'outils SysML.

Whyte (2015) précise que l'utilisation de l'ingénierie système et du BIM permettra d'améliorer le processus d'intégration des mégaprojets d'infrastructure.

L'utilisation conjointe d'outils de modélisation en SysML et du BIM a également été utilisée par la NASA pour la conception de navettes spatiales (Polit-Casillas et Howe, 2013). L'auteur précise qu'utiliser le BIM et l'IS change totalement la manière dont on conçoit ces navettes et permet entre autres : de créer des modèles plus complets et intelligents plus rapidement, d'intégrer de nombreuses disciplines, permet de développer des modèles virtuels avec des paramètres physiques, de modéliser complètement les processus, permet des liens forts entre la modélisation des exigences et les outils de conception...

En ce sens, l'adaptation d'outils de modélisation utilisant SysML dans le domaine de la construction, et de façon plus large l'application des méthodes d'ingénierie système nous paraît appropriée. Actuellement les méthodes et les outils qui se développent sont centrés sur le BIM et l'utilisation de la maquette numérique ; il nous semble donc pertinent d'étudier les liens entre ces deux corpus méthodologiques que sont l'IS et le BIM pour les projets de construction.

Plusieurs questions se posent alors auxquelles nous essayons actuellement de répondre dans nos recherches et dont le présent article donne quelques éléments de réponse : Comment les diagrammes SysML peuvent compléter la description d'un ouvrage de construction ? Comment utiliser ces diagrammes en complémentarité avec la maquette numérique et avec les technologies liées au BIM ? Qu'apportent-ils ? Comment éviter la redondance des informations issues de la maquette et des diagrammes ? Correspondent-ils aux besoins de modélisation d'un ouvrage ?

L'utilisation du langage SysML dans le domaine de la construction est une idée très nouvelle et constitue un sujet d'actualité. La bibliographie est donc limitée à ce propos. Certains auteurs ont tout de même essayé d'approfondir le sujet en lien avec la conception intégrée et durable de bâtiments (Geyer, 2012) ou sur les infrastructures (Matar, Osman, *et al.*, 2015). Valdes (*et al.*, 2016) a également soulevé cette problématique dans ses travaux sur la construction de bâtiments et d'approches de modélisation des systèmes.

Pour fournir une approche qui complète le BIM, Geyer (2012) a proposé une adaptation de l'approche SysML au domaine de la conception d'un bâtiment durable. Un exemple d'un diagramme d'exigences pour un bâtiment durable réalisé par Geyer est présenté figure 4.

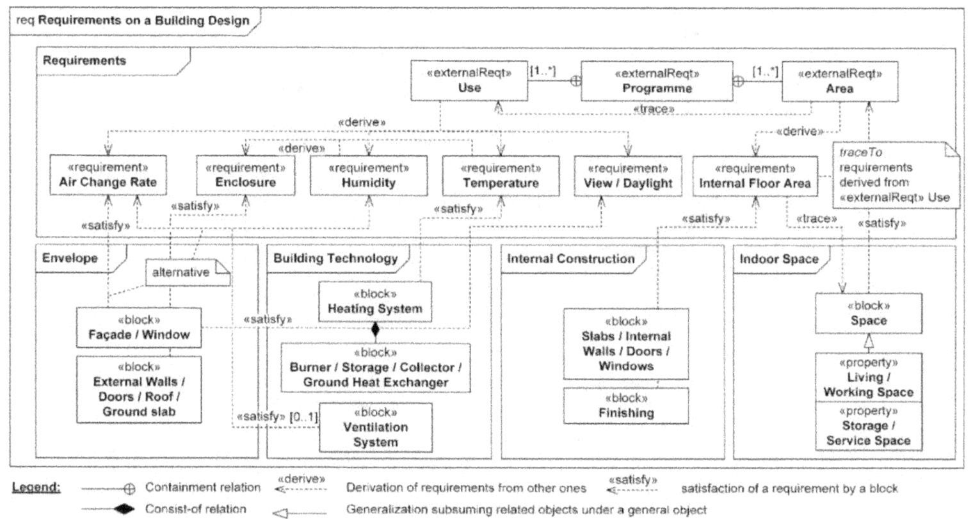

Figure 4. Le diagramme d'exigences d'un bâtiment durable (Geyer, 2012)

Matar, Osman, *et al.* (2015), quant à eux, proposent une approche de type IS pour modéliser le caractère durable d'un projet d'infrastructure. Ainsi, il a réalisé de nombreux diagrammes représentant les exigences, les composants, les activités ou encore les flux dans un tel projet pour répondre aux problématiques du développement durable de manière holistique (figure 5). L'utilisation de SysML dans ce cadre a permis de :

- représenter les interactions complexes entre le produit (l'infrastructure), le système de production, et l'environnement ;
- communiquer avec un langage commun entre toutes les parties prenantes grâce à l'utilisation de SysML ;
- capitaliser les informations avec des outils informatiques potentiellement interopérables ;
- conserver des bases scientifiques robustes tout en facilitant la communication entre les acteurs.

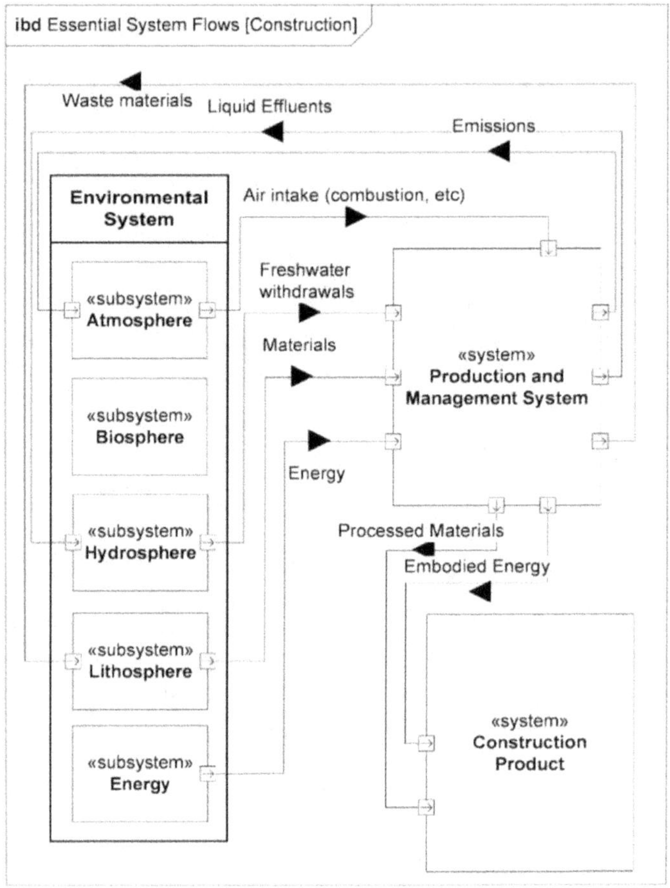

Figure 5. Modélisations des flux pour un bâtiment en SysML (Matar *et al.*, 2015)

Dans la figure 5, on peut noter que ce diagramme interne de blocs permet de modéliser les échanges de flux entre le système et son environnement.

Valdes, dans sa réflexion sur l'intégration du SysML dans les outils de modélisation, souhaite identifier les spécifications de conception conflictuelles pour minimiser les erreurs coûteuses de construction (figure 6). Valdes propose de répondre à cet objectif par le fait de relier un outil de conception géométrique CAD/BIM (la maquette numérique), à un outil d'IS, basé sur le SysML. L'utilisation d'outils de modélisation de type SysML associée à des outils CAD/BIM permettra l'identification des interactions entre différents domaines impliqués dans les projets de construction. Les outils CAD/BIM permettant de bien décrire les aspects géométriques et les outils SysML les exigences et spécifications.

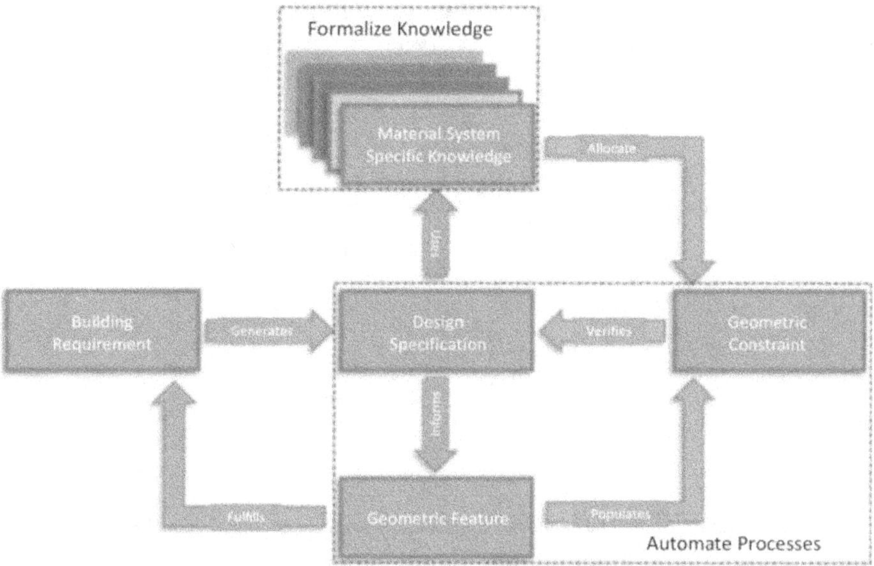

Figure 6. Modélisation proposée par (Valdes *et al.*, 2016)

Dans ses recherches, la façon proposée pour assurer la validation totale des exigences et spécification d'un bâtiment est un lien formel entre les connaissances du domaine et sa géométrie. Pour compléter cette approche, le diagramme d'interactions nécessite d'incorporer de nouveaux éléments qui ouvriront plusieurs autres types de relations dans le processus : des attributs géométriques.

4. Utilisation de SYSML pour les fourreaux de la ligne 16 du Grand Paris Express

Pour étudier l'adaptation d'outil d'ingénierie système utilisant le langage de modélisation SysML pour les projets de construction, l'utilisation d'un outil sur un cas concret est volontaire car précis et limité pour faciliter l'exécution et la compréhension de ce travail. Nous avons pu travailler avec l'entreprise Egis sur la conception des fourreaux (figure 7) de la ligne 16 du Grand Paris Express, dans le cadre de la maîtrise d'œuvre infrastructure du projet. Le projet du métro du Grand Paris est un réseau composé de quatre lignes de métro automatiques autour de Paris, et de l'extension de deux lignes existantes. La ligne 16, dont le maître d'ouvrage est la Société du Grand Paris (SGP) dans le cadre d'un accord avec le Syndicat des transports d'Île-de-France, a une longueur totale de 200 kilomètres et relie Saint-Denis Pleyel à Noisy-Champs en passant par Le Bourget RER, en 26 minutes. D'une longueur d'environ 25 kilomètres, elle comporte un tronc commun d'environ 5,5 kilomètres avec la ligne 17, entre Saint-Denis Pleyel et Le Bourget RER. Elle doit améliorer la mobilité d'environ 200 000 voyageurs (Société du Grand Paris, s.d.).

Les fourreaux sont présents à l'intérieur du tunnel du métro pour diverses fonctions : protéger, guider et aménager un espace pour le passage des câbles (électriques, fibre optique…) notamment. La disposition de documents de chez Egis les concernant nous a permis d'identifier les exigences qui s'y appliquent ce qui nous permettra de construire par la suite des diagrammes sur un logiciel utilisant le langage SysML : Modelio.

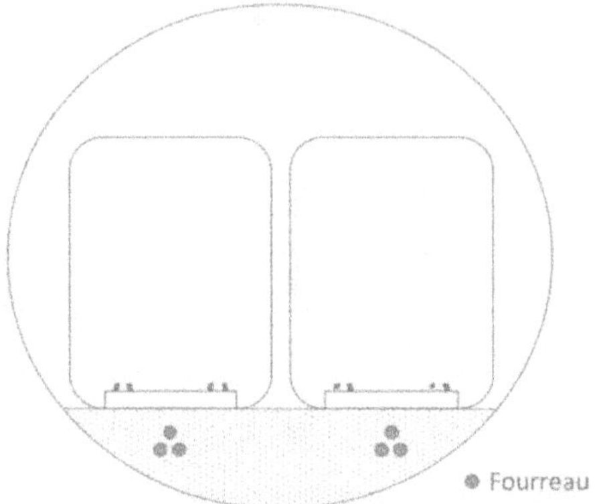

Figure 7. Exemple d'emplacement des fourreaux dans un tunnel de métro

Modelio est un logiciel développé et maintenu par l'entreprise française ModelioSoft basée à Paris. Cette entreprise propose toute une gamme de services de conseil et de formation en EA, BPMN, IS, la modélisation des logiciels et le paramétrage MDA de l'outil Modelio, afin que l'on puisse adapter Modelio à son organisation spécifique. Ce logiciel comporte un module « SysML Architect » permettant de créer tous les diagrammes nécessaires à ce projet.

Si la réponse d'adaptabilité et d'utilité de cet outil dans ce contexte est positive, le lien entre cet outil et la maquette numérique BIM de l'ouvrage pourra être envisagé.

4.1.   Diagrammes d'exigences

Le diagramme d'exigences décrit ce que le système doit faire : les exigences du cahier des charges fonctionnel. Une exigence exprime une capacité ou une contrainte à satisfaire par un système. Elle peut exprimer une fonction que devra réaliser le système ou une condition de performance technique, physique, de sécurité, d'ergonomie, d'esthétisme… Il permet de s'assurer de la cohérence entre ce que fait réellement le système et ce qu'il doit faire et de faciliter l'analyse d'impact en cas de changement (AFIS, 2009).

Le diagramme d'exigences permet tout au long d'un projet de relier les exigences avec d'autres types d'éléments SysML par plusieurs relations (figure 8) :

- « Refine » : exigence – élément comportemental (cas d'utilisation, diagramme d'état) ;
- « Satisfy » et « Trace » : exigence – bloc d'architecture ;
- « Verify » : exigence – cas de test.

Les exigences s'appliquant aux chambres de tirage, câbles et fourreaux ont été modélisées sur des diagrammes des exigences. La figure 9 est un extrait d'un diagramme que nous avons réalisé sur le logiciel Modélio.

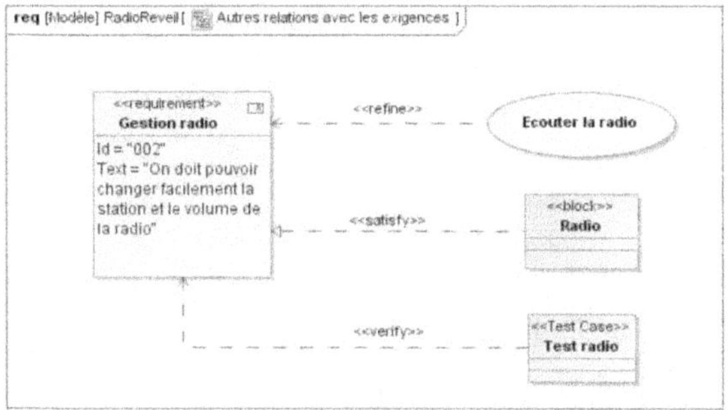

Figure 8. Les différents liens dans un diagramme d'exigences (Roques, 2009)

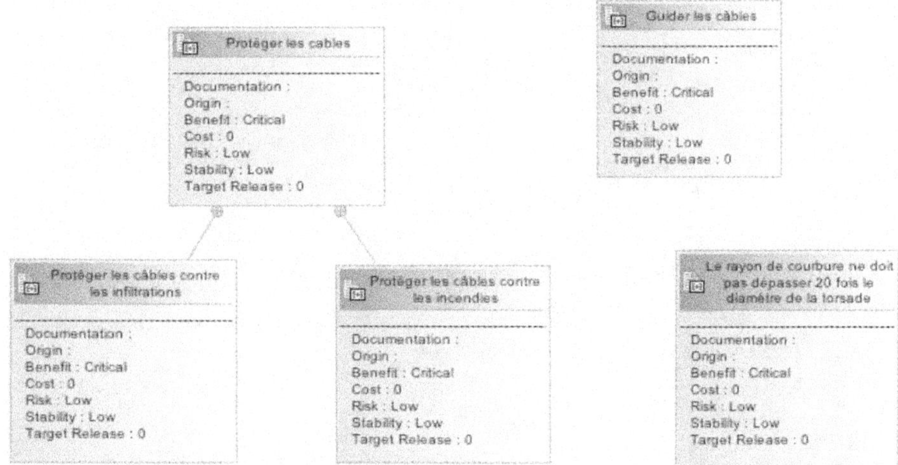

Figure 9. Diagramme d'exigences du bloc « câbles »

Tableau 2. Extrait du tableau regroupant les exigences s'appliquant aux câbles

ID	Exigences	Type	Valeur	Unité	Localisation	Propriété	Commentaires
GO1-001	Les câbles HTA doivent avoir un rayon de courbure supérieur à 1m sans traction	Organique	1	m	Tous	Rayon de courbure	

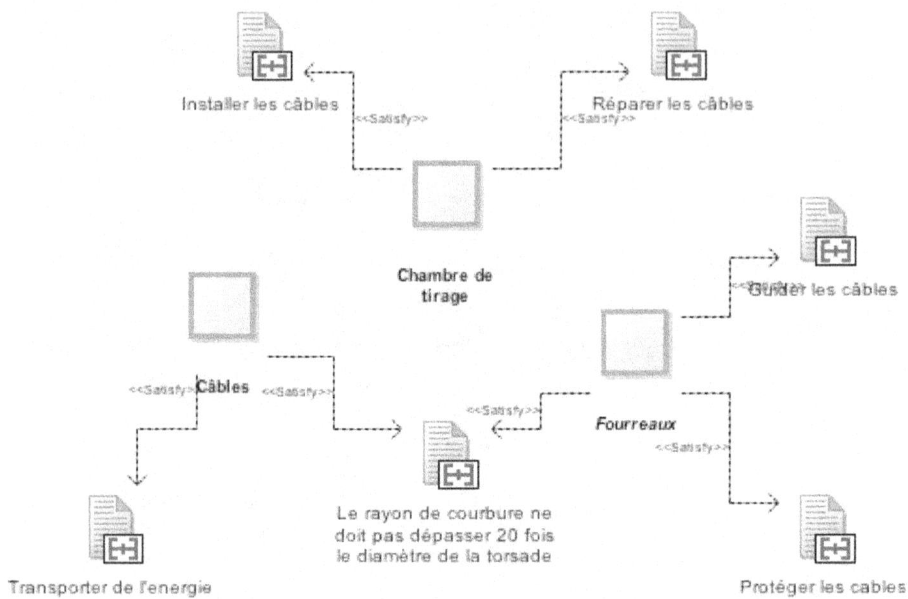

Figure 10. Diagramme de blocs des fourreaux et des câbles

Tableau 3. Matrice de définition (allocation des exigences)

	Câbles	Fourreaux	Chambre de tirage
Installer les câbles			✓
Réparer les câbles			✓
Protéger les cables	✓		
Guider les câbles	✓		
Transporter de l'energie	✓		
Le rayon de courbure ne doit pas dépasse...	✓	✓	

Dans le logiciel Modelio, le diagramme de bloc nous permet de relier des blocs à leurs exigences (figure 10), pour ensuite pouvoir répertorier ces liens dans une matrice de définition. Cependant, il est possible, et c'est l'objectif à venir, de créer une simple représentation tabulaire d'un diagramme d'exigences pour chaque type de lien entre ces blocs et ces exigences (tableau 3).

Relier les exigences aux blocs permet de s'assurer que chaque exigence est remplie par un élément du système d'une part et d'autre part cela permet d'évaluer les impacts de modifications d'une exigence et/ou d'un bloc sur le système. Par exemple, si un câble venait à être modifié, cette matrice de définition permettra d'avoir la liste de l'ensemble des exigences s'y appliquant et devant être vérifiées. De la même manière, si le rayon de courbure du câble est amené à changer on remarque immédiatement que cela a une incidence sur les fourreaux également grâce à l'utilisation de cette matrice.

4.2.   Caractérisation des exigences

Nous avons réalisé un diagramme regroupant toutes les exigences se rapportant aux chambres de tirage (non présenté dans cet article). Sur celui-ci, nous avons différencié différents types d'exigences : organiques, fonctionnelles, sécurité, constructibilité, interface… Des couleurs ont été attribuées à chaque type permettant une lecture plus efficace et rapide des catégories d'exigences. L'agencement de ces exigences reprend donc l'architecture système proposée par Krob (2009) à laquelle nous avons rajouté des exigences de sécurité, de constructibilité et d'interface pour les besoins du projet. Un certain nombre d'attributs peuvent également être ajoutés aux exigences (risques, documentation, coût, stabilité…) (AFIS, 2012), permettant le développement de nouvelles fonctionnalités de gestion des exigences ultérieurement.

5.   Discussion et résultats

D'une façon générale, l'ergonomie du logiciel utilisé mériterait d'être améliorée pour pouvoir être utilisé par tous sur l'ensemble des projets de construction.

Au cours de la classification des exigences, il est apparu intéressant d'approfondir les attributs relatifs à l'espace. En effet, une partie des exigences ne s'appliquent seulement qu'à une partie géographique/spatiale du système et varient selon leur proximité avec des éléments extérieurs, ou encore d'autres exigences diffèrent selon le contexte de construction. Le tableau 4 ci-dessous propose plusieurs tentatives de réponses à cette réflexion.

Le même constat apparaît pour les diagrammes de bloc : en effet, certains blocs ne sont présents que dans certaines parties spatiales du système, leurs attributs peuvent également changer ainsi que les exigences qui lui sont allouées. Les diagrammes d'activité que nous n'avons pas utilisés ici, peuvent aussi changer dans l'espace.

Les outils de modélisation SysML ne permettent pas actuellement de décrire de manière satisfaisante l'espace et les relations à l'espace ou aux espaces du système. La raison que nous voyons à cela est que le besoin auquel répond le domaine de la construction est « d'aménager l'espace pour y réaliser des activités humaines ». Les autres secteurs industriels répondant à d'autres besoins et problématiques n'ont pas la nécessité de modéliser les relations à l'espace de leurs produits. De plus différents découpages et différentes organisations de l'espace existent selon les points de vue, les niveaux systémiques à considérer et les visions architecturales.

Plusieurs possibilités existent pour modéliser l'espace, nous les avions résumées dans le tableau ci-dessous (tableau 4), des recherches ultérieures devront permettre de définir quelle est la plus adaptée ou d'en proposer de nouvelles.

À cette occasion, on dégage alors une nouvelle problématique de modélisation de l'espace, à commencer par la distinction entre les différents types de propriétés spatiales : localisation, géométrie et topologie (Paul et Borrmann, 2009). Ceci fera partie intégrante de la suite des recherches.

Tableau 4. Propositions pour intégrer la modélisation de l'espace dans SysML

Solutions	1	2	3	5	6
Nom	**Attributs**	**Nouveau diagramme**	**Liens « optionnel»**	**Créer des diagrammes valables que pour un « espace »**	**Perceptory**
Détails	Créer des attributs « Localisation », « géométrie » et « topologie » à rajouter aux exigences et aux blocs.	Faire des diagrammes représentant l'organisation spatiale, les différents découpages possibles, les caractéristiques de ces espaces et les liens entre ceux-ci.	On relie les exigences et les blocs qui ne s'appliquent pas à tous le système mais uniquement dans certaines zones géographiques du système par des liens de type « optionnels »	À l'ouverture du diagramme, une interface s'affiche avec un menu déroulant pour choisir les espaces du système concernés	Perceptory est un langage de description de base de données spatiales (et temporelles) qui complète les diagrammes SysML
Avantages +	Facilité de mise en place Clarté de l'information	Intégration des données géométriques et topologiques.	Clarté de l'information Option déjà existante	Prise en compte de l'espace dans les descriptions. Facile d'utilisation	Les icones (concept du langage PictograF) sont très simples à comprendre Le logiciel existe déjà sur Microsoft Visio, il faut donc simplement l'adapter.
Inconvénients -	Faible niveau de modélisation de l'espace, ne permet pas de rendre compte de sa complexité et des différents découpages possibles.	Ne prend pas en compte la diversité des points de vue et des découpages spatiaux possibles.	Faible niveau de modélisation de l'information. Pas de description géométrique.	Oblige à découper l'espace, alors que ces découpages peuvent varier selon les points de vue. Cette solution ne prend pas en compte la description géométrique.	Les informations données par ces icones restent très limitées : seule la dimension du système (ponctuelle, linéaire, complexe) et la dimenison de son environnement (1D, 2D, 3D)

Conclusion et perspectives

Finalement, l'utilisation de l'ingénierie système nous paraît pertinente et complémentaire au BIM dans le cadre de projets de construction. Néanmoins, la complexité des systèmes à développer dans le domaine de la construction et dans les autres industries n'est probablement pas du même type et nécessite donc des besoins de modélisation différents. Nous avons identifié l'un des aspects de cette complexité à modéliser : la complexité spatiale, et avons proposé quelques pistes pour y remédier.

La prise en compte de l'espace dans un projet de construction est essentielle puisque les métiers de la construction consistent justement à aménager l'espace pour y réaliser des activités humaines (ou qui y sont liées). Il est possible que l'espace soit l'un des points clés de ces recherches et qu'il s'agisse de l'une des raisons pour laquelle l'IS n'est pas encore développée dans le domaine de la construction. Néanmoins, Il est possible que la problématique de la modélisation de l'espace soit en réalité déjà prise en compte dans l'IS. En effet, cette problématique étant propre au domaine de la construction peut être n'est-elle pas explicite dans les méthodes d'IS qui ont surtout été utilisées dans d'autres domaines. Si tel est le cas, nos travaux futurs consisteront à mettre en évidence de manière explicite comment l'espace est traité dans l'IS. Des pistes ont été dégagées sur la manière de modéliser l'espace, à commencer par distinguer les différents types d'informations spatiales notamment en modélisant les caractéristiques géométriques et topologiques de l'espace. Mais aussi sur la représentation des différents découpages possibles, et sur l'appartenance des systèmes à ces espaces. Où ces informations doivent-elles être stockées ? Comment les structurer ? Comment faire le lien entre les informations spatiales issues des maquettes numériques et d'autres outils de conception et les diagrammes SysML ? À l'inverse comment introduire les informations issues des diagrammes SysML dans la maquette numérique si celle-ci doit faire office de base de données centralisée du projet ? Ce qui pose également des problèmes d'interopérabilité entre les outils utilisés. C'est dans cette direction que nos futures recherches se dirigent.

L'utilisation de SysML dans le domaine de la construction nous amène également à aborder le paradigme de l'Ingénierie Dirigée par les Modèles (IDM). Ce sujet n'a pas été abordé dans cet article mais fera également l'objet de recherches approfondies, notamment sur son utilisation et son intérêt dans l'industrie de la construction.

Remerciements

Ce travail a été effectué dans le cadre du projet MINnD et a bénéficié des discussions et échanges d'idées dans plusieurs groupes de travail de ce projet de recherche. Nous remercions également l'entreprise Egis avec qui nous avons pu travailler et qui nous a permis d'appliquer nos recherches dans le cadre du projet du métro du Grand Paris Express.

Références bibliographiques

ASLAKSEN, E. W. Systems Engineering and the Construction Industry. *Requirements and Construction*. 2005, n° 1.

ASSOCIATION FRANÇAISE D'INGÉNIERIE SYSTÈME (AFIS). *Bonnes pratiques en ingénierie des exigences*. Toulouse : Cépaduès, 2012.

ASSOCIATION FRANÇAISE D'INGÉNIERIE SYSTÈME (AFIS). Découvrir et comprendre l'ingénierie système [en ligne] AFIS, 2009. Disponible à l'adresse : http://afis.fr/pages/accueil.aspx.

EASTMAN, C., TEICHOLZ, P., SACKS, R., LISTON, K. *BIM Handbook: A Guide to Building Information Modeling for Owners, Managers, Designers, Engineers, and Contractors.* John Wiley & Sons, 2008, p. 508.

FAGNON, D., GASTON, S. SysML : les diagrammes. *Technologie*. 2012, n° 179, p. 100-104.

FARNHAM, R., ASLAKSEN, E. W. Applying Systems Engineering to Infrastructure Projects. INCOSE, 2009, p. 8.

FRIEDENTHAL, S., MOORE, A., STEINER, R. *A Practical guide to SysML: The Systems Modeling Language*, Elsevier, 2008.

GEYER, P. Systems modeling for sustainable building design. *Advanced Engineering Informatics*. 2012, pp. 658–668.

HOLT, J. PERRY, S. The SysML Notation [chap. 5]. *SysML for Systems Engineering: A Model-Based Approach*. The Institute of Engineering and Technology, 2013, p. 102.

INTERNATIONAL COUNCIL ON SYSTEMS ENGINEERING (INCOSE). *Systems Engineering in Transportation Projects: A Library of Case Studies*, INCOSE Transportation Working Group, 2014.

INTERNATIONAL COUNCIL ON SYSTEMS ENGINEERING (INCOSE). *Guide for the Application of Systems Engineering in Large Infrastructure*. INCOSE Infrastructure Working Group, 2012, vol. 1, p. 55.

IRC. Constructibilité [cahier pratique]. *Le Moniteur des Travaux Publics et du Bâtiment*. Paris : Le Moniteur, 2013, vol. 5737, n° 12.

KROB, D. Éléments systémiques. Architecture des systèmes. In : BERTHOZ, A., PETIT, J.-L. (eds.) *Complexité-Simplexité*. Paris : Collège de France/OpenEdition Books, 2016, p. 26.

KROB, D. Éléments d'architecture des systèmes complexes. In : APPRIOU, A. (ed.) *Gestion de la complexité et de l'information dans les grands systèmes critiques*. Paris : CNRS Éditions, 2009.

MARCHANT, D. The Design Brief: Requirements and Compliance [en ligne]. 2016. Disponible à l'adresse : http://www.itcon.org.

MATAR, M., OSMAN, H., MAGED, G., ABOU-ZIED, A., EI-SAID, M. A Systems Engineering Approach for Realizing Sustainability in Infrastructure Projects. *HBRC Journal*. 2015, p. 12.

MCKINSEY & COMPANY. The Construction Productivity Imperative. McKinsey Productivity Sciences Center, 2015.

MCKINSEY GLOBAL INSTITUTE. Infrastructure Productivity: How to Save $1 Trillion a Year. 2013.

MINND. Infrastructure Engineering Holistic Process: A Reference Framework [en ligne]. 2015. Disponible à l'adresse : http://www.minnd.fr.

PAUL, N., BORRMANN, A. Geometrical and Topological Approaches in Building Information Modeling [en ligne]. *Journal of Information Technology in Construction*, 2009. Disponible à l'adresse : http://www.itcon.org.

POLIT-CASILLAS, R., HOWE, S. Virtual Construction of Space Habitats: Connecting Building Information Models (BIM) and SysML. AIAA SPACE 2013 Conference and Exposition, 2013.

PRO RAIL, NL INGENIEURS, UNETO VNI, BOUWEND NEDERLAND, VERENIGING VAN WATERBOUWERS. *Guideline for Application of Systems Engineering Within the Civil Engineering Sector: It's All About Cohesion*. 2013, 74 pp.

ROQUES, P. *SysML par l'exemple : un langage de modélisation pour systèmes complexes*, Eyrolles, 2009, p. 235.

SOCIÉTÉ DU GRAND PARIS [en ligne]. Disponible à l'adresse : https://www.societedu-grandparis.fr.

TOLMER, C.-E. *Contribution à la mise en place d'un modèle d'ingénierie concourante pour les projets de conception d'infrastructures linéaires urbaines : prise en compte des interactions entre enjeux, acteurs, échelles et objets*. Université Paris-Est–Marne-la-Vallée, Lab'Urba, Équipe Génie Urbain, 2016.

VALDES, F., GENTRY, R., EASTMAN, C., FORREST, S. *Applying Systems Modeling Approaches to Building Construction*. IAARC, 2016, p. 8.

VRANCKEN, J. L. M., VAN DEN HOUDT, S. T. A. Rolling out Systems Engineering in the Dutch Civil Construction Industry – Identifying and Managing the Factors Leading to Successful Implementation, p. 9.

WEILKIENS, T. *Systems Engineering with SysML/UML: Modeling, Analysis, Design*. Elsevier, 2007.

WHYTE, J. The future of systems integration within civil infrastructure [working paper]. Centre for Systems Engineering and Innovation, 2015, vol. 8, p. 20.

Liste des auteurs

Créé en 1958, le CESI est un groupe d'enseignement supérieur et de formation professionnelle. Il s'appuie sur 25 établissements répartis dans l'hexagone et développe une offre organisée autour de 5 marques : *ei.CESI*, 1re école d'ingénieurs par apprentissage en France ; *exia.CESI*, école d'ingénieurs en informatique ; *CESI alternance*, école supérieure des métiers ; *CESI entreprises*, l'offre formation continue à destination des managers et *CESI certification*, organisme certificateur.

Tourné vers l'innovation et prêt à relever les défis de l'industrie du futur, du bâtiment et de la ville intelligente, le CESI mène des activités de recherche dans son *Laboratoire d'innovation numérique pour les entreprises et les apprentissages au service de la compétitivité des territoires* (LINEACT).

Le CESI, c'est : 20 000 étudiants, apprentis et stagiaires ; 6 diplômes d'ingénieur habilités par la CTI ; 11 Mastères spécialisés® ; 20 certifications professionnelles enregistrées au RNCP ; 70 universités partenaires partout dans le monde ; 90 M€ de CA ; 900 collaborateurs salariés ; 2 500 intervenants experts, un réseau de 50 000 diplômés et 6 000 entreprises partenaires.

À l'échelon international, le CESI est présent en Algérie, en Espagne et au Cameroun.

Formations
DE BAC À BAC +5

**INDUSTRIE
& SERVICES**

**RESSOURCES HUMAINES
& MANAGEMENT**

**SYSTÈMES D'INFORMATION
& NUMÉRIQUE**

**CONSTRUCTION
& BTP**

BIEN PLUS
QU'UNE
FORMATION
cesi.fr

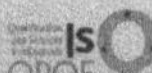
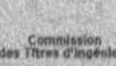

Enseignement supérieur
ET FORMATION PROFESSIONNELLE

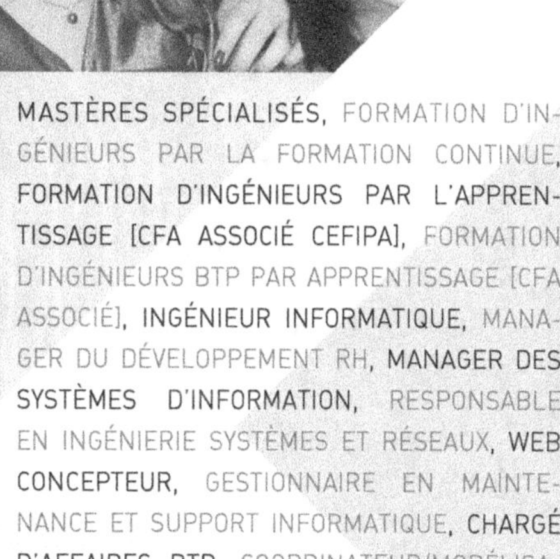

MASTÈRES SPÉCIALISÉS, FORMATION D'INGÉNIEURS PAR LA FORMATION CONTINUE, FORMATION D'INGÉNIEURS PAR L'APPRENTISSAGE [CFA ASSOCIÉ CEFIPA], FORMATION D'INGÉNIEURS BTP PAR APPRENTISSAGE [CFA ASSOCIÉ], INGÉNIEUR INFORMATIQUE, MANAGER DU DÉVELOPPEMENT RH, MANAGER DES SYSTÈMES D'INFORMATION, RESPONSABLE EN INGÉNIERIE SYSTÈMES ET RÉSEAUX, WEB CONCEPTEUR, GESTIONNAIRE EN MAINTENANCE ET SUPPORT INFORMATIQUE, CHARGÉ D'AFFAIRES BTP, COORDINATEUR/MODÉLISATEUR/CHEF DE PROJET BIM, RESPONSABLE DE CHANTIER, RESPONSABLE QSE, RESPONSABLE EN PERFORMANCE INDUSTRIELLE ET INNOVATION, RESPONSABLE RH, ASSISTANT RH.

4 DOMAINES STRATÉGIQUES

- **INDUSTRIE & SERVICES**
- **RESSOURCES HUMAINES & MANAGEMENT**
- **SYSTEMES D'INFORMATION & NUMÉRIQUE**
- **CONSTRUCTION & BTP**

BIEN PLUS QU'UNE FORMATION

cesi.fr

TWITTER
@cesi_idfcentre

FACEBOOK
Campus CESI Île-de-France

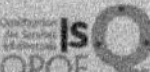
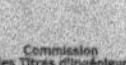

BUILDING
INFORMATION
MODELING

CESi
ENSEIGNEMENT
SUPÉRIEUR
ET FORMATION
PROFESSIONNELLE

LES FORMATIONS BIM
du CESI-Ile-de France*

Label Formation
2017
Branche
Architecture

▶ MASTÈRE SPÉCIALISÉ® MANAGEMENT DE PROJETS
DE CONSTRUCTION (titre RNCP niveau I)
OPTION BIM & MAQUETTE NUMERIQUE
En alternance sur 12 mois - ouvert aux salariés, étudiants et demandeurs d'emploi

ELIGIBLE CPF
CERTIFICATION

▶ CHEF DE PROJET BIM   CERTIFICATION
PILOTAGE DE LA STRATÉGIE BIM DANS SON ENVIRONNEMENT - 12 jours

▶ COORDINATEUR BIM   CERTIFICATION
SYNTHÈSE, SIMULATIONS, BIM 4D, 5D, nD... - 10 jours

▶ MODÉLISATEUR BIM   CERTIFICATION
ÉLABORATION DE LA MAQUETTE NUMÉRIQUE 3D ET DE SES DONNÉES - 10 jours

▶ INITIATION REVIT
PRISE EN MAIN DE L'OUTIL - 5 jours

▶ INITIATION AU BIM
2 jours

POSSIBILITÉ DE MODULARISATION

CESI campus Ile-de-France - 93 bd de la Seine - BP 602 - 92006 Nanterre cedex
Contact : Claire MARCORELLES - poleconstructionidf@cesi.fr - 01 55 17 80 10

www.cesi.fr
campus cesi île de france

Le CESI : enseignement supérieur et formation professionnelle

* Nos formations ont reçu le label Formation 2017 décerné par la Branche architecture. Les conditions de prise en charge de cette action de formation labellisée sont décidées par la CPNEFP des entreprises d'architecture et mises en ouvre par Actalians (OPCA PL).